AF349286

BEST SELLER

JACOBO GRINBERG-ZYLBERBAUM

LOS CRISTALES DE LA GALAXIA

DEBOLS!LLO

El papel utilizado para la impresión de este libro ha sido fabricado a partir de madera
procedente de bosques y plantaciones gestionadas con los más altos estándares ambientales,
garantizando una explotación de los recursos sostenible con el medio ambiente y beneficiosa para las personas.

Los cristales de la galaxia

Primera edición en Debolsillo: febrero, 2026

D. R. © 2019, Jacobo Grinberg-Zylberbaum
D. R. © 2026, con la autorización de Estusha Grinberg Arditti

D. R. © 2026, derechos de edición mundiales en lengua castellana:
Penguin Random House Grupo Editorial, S. A. de C. V.
Blvd. Miguel de Cervantes Saavedra núm. 301, 1er piso,
colonia Granada, alcaldía Miguel Hidalgo, C. P. 11520,
Ciudad de México

D. R. © 2026, Emiliano Ruiz Parra, por la semblanza
D. R. © 2026, Joaquín Nava, por la ilustración en portada
D. R. © 2026, Leilani Grinberg, por el retrato en interiores
Penguin Random House / Laura Velasco Borrero, por el diseño de portada

penguinlibros.com

Penguin Random House Grupo Editorial apoya la protección del *copyright*.
El *copyright* estimula la creatividad, defiende la diversidad en el ámbito de las ideas y el conocimiento,
promueve la libre expresión y favorece una cultura viva. Gracias por comprar una edición autorizada
de este libro y por respetar las leyes del Derecho de Autor y *copyright*. Al hacerlo está respaldando
a los autores y permitiendo que PRHGE continúe publicando libros para todos los lectores.

Se reafirma y advierte que se encuentran reservados todos los derechos de autor y conexos sobre este libro y
cualquiera de sus contenidos pertenecientes a PRHGE. Por lo que queda prohibido cualquier uso, reproducción,
extracción, recopilación, procesamiento, transformación y/o explotación, sea total o parcial, ya en el pasado,
ya en el presente o en el futuro, con fines de entrenamiento de cualquier clase de inteligencia artificial, minería
de datos y textos, y en general, cualquier fin de desarrollo o comercialización de sistemas, herramientas o
tecnologías de inteligencia artificial, incluyendo pero no limitado a la generación de obras derivadas o contenidos
basados total o parcialmente en este libro y cualquiera de sus partes pertenecientes a PRHGE. Cualquier acto de
los aquí descritos o cualquier otro similar, así como la distribución de ejemplares mediante alquiler o préstamo
público, está sujeto a la celebración de una licencia. Realizar cualquiera de esas conductas sin licencia puede
resultar en el ejercicio de acciones jurídicas.

Si necesita fotocopiar o escanear algún fragmento de esta obra diríjase a CeMPro
(Centro Mexicano de Protección y Fomento de los Derechos de Autor, https://cempro.org.mx).

ISBN: 978-607-386-905-8
Impreso en México – *Printed in Mexico*

ÍNDICE

PRIMERA PARTE

SEGUNDA PARTE

TERCERA PARTE

CUARTA PARTE

JACOBO GRINBERG-ZYLBERBAUM: EL QUIJOTE DE LA CIENCIA

Por Emiliano Ruiz Parra

Jacobo Grinberg nació el 12 de diciembre de 1946 en la Ciudad de México, en una familia de inmigrantes que habían escapado de las persecuciones antisemitas en Europa del Este. Estudió Psicología en la Universidad Nacional Autónoma de México (UNAM) y un doctorado en Neurociencias en la Universidad de Nueva York.

Jacobo Grinberg es uno de los mexicanos más desafiantes de la segunda mitad del siglo XX. Eligió el cerebro humano como tema de investigación y se propuso responder a la pregunta de dónde proviene *la experiencia*, es decir, cómo se construye la realidad en la mente. Esa respuesta lo llevó a formular la *teoría sintérgica* (*sintergia*, neologismo derivado de *síntesis* y *energía*), de la que se hablará más adelante.

Grinberg fue un hombre de ciencia, obsesionado con las mediciones objetivas y puntuales, los experimentos y las comprobaciones de laboratorio. Esa obsesión, sin embargo, no le impidió cruzar fronteras: conoció y divulgó los supuestos dones de los chamanes indígenas como Pachita, que realizaba trasplantes de órganos con un cuchillo de monte. Se tomó en serio las escuelas místicas, en especial la cábala judía y el budismo tibetano; estudió y practicó meditación y yoga. Sus intereses intelectuales quedaron registrados en más de 50 libros. Fue un autor prolífico que lo mismo escribió textos científicos que cuentos, novelas y una autobiografía.

En diciembre de 1994 Jacobo Grinberg desapareció. Nunca fue localizado y las autoridades no obtuvieron mayores pistas de su paradero ni de los posibles responsables de su secuestro. Su repentina ausencia provocó, primero, una temporada de olvido. Grinberg no era bien visto por la comunidad científica de su época y durante años había soportado acusaciones de charlatanería y falta de rigor científico. Con el tiempo, sin embargo, se ha formado un público abierto a las propuestas del doctor Grinberg. Quien se aventure a leer sus libros encontrará a un autor audaz, a un científico que cruzó fronteras y, sobre todo, a un ser humano que buscó la libertad en cada palabra escrita.

El ortodoxo

Antes de convertirse en un científico de mente abierta, Jacobo Grinberg fue un hombre de normas y estructuras tradicionales. Cuando era joven, escogió como mentor al profesor más rígido y exigente de la carrera en Psicología: el médico y neurofisiólogo Héctor Brust Carmona. "Se convertiría en la influencia más importante de mi vida —escribió el propio Grinberg—, mi ser reconocía en Brust la figura paterna que mi inconsciente anhelaba".

En los sesenta los estudios de psicología habían surgido dentro de la Facultad de Filosofía y Letras de la UNAM, que bullía entre movimientos de izquierda, pensadores existencialistas y jóvenes en pleno despertar político y sexual. El plan de estudios incluía materias más duras, como la psicofisiología, y los estudiantes debían caminar a la Facultad de Medicina a tomarlas. Entre los profesores que impartían esas materias estaba Brust Carmona.

"Me burlaba de las emociones, considerándolas muestras de debilidad —escribió Grinberg en su autobiografía *La batalla por el templo* (1991)—, el impulso a ser admitido me perseguía siempre". Después de rigurosos exámenes, el joven Grinberg entró como aprendiz al laboratorio que dirigía Brust Carmona y se vestía siempre de bata, traje y corbata. Tanto en el laboratorio como en su vida matrimonial "todo debía vivirse de la misma forma, sin desviación alguna", recordó después. El joven Jacobo —al igual que Brust Carmona— estudiaba el núcleo caudado del cerebro: justo la parte del órgano que regula el control.

En esa época se aceptaba y practicaba la experimentación con animales. En el laboratorio de Brust lo hacían, sobre todo, con gatos. Se les abría la cabeza, se les conectaban ánodos y cátodos en el cerebro, y se les estimulaba con proteínas. Lizette Arditti, quien fue su primera esposa, me cuenta que el examen profesional de Jacobo provocó conmoción. Llevó a un gato con electrodos en la cabeza. El auditorio se crispó cuando el michi enseñó los colmillos después de que le estimularon la amígdala (un núcleo subcortical en el cerebro). En ese entonces, escribió Grinberg, "solo aceptaba los resultados de experimentos controlados". Aprendió a dominar las artes quirúrgicas, el registro encefalográfico y el método experimental. Y comprendía la física cuántica, central para sus teorías de madurez.

Y llegó 1968, ese año que subvirtió a las juventudes en diversas ciudades del mundo y, por supuesto, en la Ciudad de México. Para ese entonces, Jacobo ya empezaba a cuestionarse sus ideas sobre la vida. Y dio el paso: al igual que cientos de miles de jóvenes universitarios, se sumó al movimiento estudiantil. "Me gustaban las normas —reflexionó después—, pero también empezaba ya a anhelar un cambio de estructuras". La tarde del 2 de octubre tenía planeado acudir a la marcha a Tlatelolco, pero uno de los gatos del laboratorio sufrió una crisis y Jacobo pasó horas dándole respiración de boca a boca y eso le impidió llegar a la marcha que devino en masacre. En los días que sucedieron a la matanza de las Tres Culturas, Jacobo acudió a cuidar a los gatos en medio de una universidad tomada por los soldados.

"Empecé a sentir una necesidad imperiosa de libertad y todo el control que me había impuesto comenzó a resquebrajarse, dentro de mí hervía la inquietud y el deseo de algo desconocido". Su atuendo sufrió cambios: guardó la corbata y comenzó a usar guayaberas, mezclilla y tenis.

La madre

Hay un tópico que se repite en los textos acerca de Jacobo Grinberg: el impacto que le provocó la muerte de su madre. El niño Jacobo tenía 10 años y cuidó a su mamá en su agonía, en la casa familiar de la calle Sócrates, en la colonia Polanco. Él mismo se pregunta si esa orfandad lo llevó a estudiar el cerebro, pues su madre falleció de un tumor cerebral.

"Yo pasaba mucho tiempo solo cuidando a mi mamá; pensaba yo mucho y pensaba en las distintas dimensiones del mundo", le contó a su amigo Juan José Sánchez Sosa.

Sin ese cimiento que era Estusha Zylberbaum, la familia quedó a la deriva, en manos de un padre violento y de una nana, Petra, quien cuidó a los pequeños hermanos Nathán, Jacobo y Gerardo Grinberg, de acuerdo con el relato autobiográfico del propio Jacobo.

En un ambiente doméstico sofocante, Jacobo Grinberg se matriculó en la licenciatura en Física en la Facultad de Ciencias de la UNAM. Y se inscribió en un grupo sionista: quería emigrar a Israel. En ese grupo conoció a Lizette Arditti. Jacobo, recuerda Arditti, era un muchacho lector y muy intelectual, que desde entonces lucía una larga y cerrada barba negra. En unos meses se instalaron como trabajadores agrícolas en un kibutz a escasos 500 metros de la Franja de Gaza —uno de los kibutz atacados por Hamas el 7 de octubre de 2023.

"Descubrimos el amor con mucha libertad. No estaban nuestros padres para decirnos así sí o así no. Era una exploración hermosa y muy libre", recuerda Arditti más de medio siglo después. Arditti lo sigue llamando Jaco, como le decía de cariño cuando eran novios.

Un año después, Grinberg volvió a México. Su padre había tenido otro hijo con una nueva esposa: un niño "que era una hermosura", como recuerda el propio Grinberg. Ese pequeño se convertiría en el célebre actor Ari Telch. Arditti regresó también a la casa de sus padres, en Guadalajara. Jacobo la visitaba cada que podía. El propio Grinberg cuenta en sus páginas autobiográficas que era tímido y se quedaba callado en las comidas con sus suegros. Pronto abandonó la física porque reparó en que las matemáticas no eran su fuerte, se matriculó en la carrera de Psicología y consiguió trabajitos como ayudante de maestro y auxiliar de laboratorio. Su amigo y también estudiante de Psicología Juan José Sánchez Sosa recuerda que ambos trabajaban en el laboratorio de la Preparatoria 4, al poniente de la Ciudad de México. Con una mínima autonomía económica, el 25 de septiembre de 1968 Jacobo y Lizette se casaron en la sinagoga de la calle Monterrey, en la colonia Roma de la Ciudad de México. Lo celebraron con un brindis en la casa de los padres de Arditti, que se habían mudado a la Ciudad de México. En 1971 nació Estusha Grinberg, la única hija de Jacobo y Lizette.

Jacobo era un muchacho bajito y regordete de —más o menos— un metro setenta de estatura. "Un osito", como lo recuerda Juan José Sánchez Sosa. Un joven de buen sentido del humor, que contaba chistes.

"Lo recuerdo muy claramente como alguien excepcionalmente despierto. Muy perceptivo. Era optimista y muy cercano interpersonalmente. Ponía mucha atención a lo que estaba uno diciendo, lo pensaba, lo comentaba e interactuaba a partir de eso", me dice Sánchez Sosa en su laboratorio de la Facultad de Psicología, de la que es profesor emérito.

Grinberg empezó a cuestionarse ideas incluso desde su propia vida personal.

"Abrazaba a Lizette, pero soñaba con otras mujeres", escribió Grinberg en su autobiografía.

"Era todo muy lindo hasta que Jacobo empezó a despertar a otras mujeres", me cuenta Arditti. Jacobo trató de convencerla de tener una relación abierta. "Yo no pude con eso. Me dije: 'Tengo que hacerle caso a mi corazón, no a las ideas'. Y ahí hay una separación contundente y Jacobo agarra su camino".

En *La batalla por el templo* Grinberg cuenta sus múltiples búsquedas que lo llevaron a romper con maneras de ser y de pensar que había aprendido de su rígida madre y de los maestros del Colegio Israelita. Grinberg amó profundamente a las mujeres. A su hija Estusha, sobre todo, y a Lizette mientras fue su pareja. Los enamoramientos de Grinberg eran como erupciones volcánicas. Se fascinaba por una mujer y la amaba locamente unas semanas; luego llegaba el aterrizaje a la realidad, empezaban los pleitos constantes y Grinberg se sentía agobiado.

"Siento que no era muy maduro en la parte afectiva", me dice Arditti en entrevista.

La pareja intentó una reconciliación. Grinberg se fue a estudiar el doctorado a la Universidad de Nueva York, al laboratorio de Estudios del Cerebro, que dirigía Roy John. En Nueva York, Grinberg experimentó un despertar intelectual y empezó a forjar sus más revolucionarias ideas. Lizette y la pequeña Estusha lo alcanzaron y retomaron la vida familiar. Pero a las pocas semanas ocurrió lo mismo: Jacobo se sintió "en una prisión" y la pareja se separó por segunda vez. El viaje, sin embargo, fue provechoso para ambos. Lizette hizo una maestría en Psicología Humanista y descubrió su segunda vocación, la pintura. Aun después de separarse, Grinberg le llevó a Arditti cada uno de sus más de 50 libros. Sabía que ella los leería y comprendería.

Años después, Grinberg reflexionaría acerca de su rompimiento con Arditti: "Lizette era mi amiga, hermana y esposa, y ambos nos sosteníamos a la perfección. Solamente cuando se pierde una relación así se percibe lo maravillosa que era".

La teoría sintérgica

Los chamanes indígenas, los lamas tibetanos, la cábala judía. Grinberg les dedicó atención y escribió sobre ellos como ningún otro investigador mexicano de su época. Pero fue más lejos, en busca de explicarse la conciencia terminó por ofrecer una teoría del cosmos. Grinberg se preguntó cómo se forma *la experiencia*: aquello que los seres humanos percibimos y conocemos como la realidad:

"Jacobo quería entender el mundo consciente: lo que vemos, tocamos, saboreamos, sentimos. A Jacobo le interesaba el hecho de que nosotros estamos conscientes y podemos hacernos preguntas como de dónde vienen los átomos, cuál es el origen de la vida, y otras", me dice Manuel Delaflor, quien fuera su discípulo durante seis años.

Grinberg pronto se dio cuenta de que no existía una dicotomía entre la realidad y nuestra percepción, o entre la materia y la idea que tenemos de esta. Ambas eran una sola cosa y había que entenderlas como una unidad. O mejor aún, como *la Unidad*.

Y para explicarlo ofreció la teoría sintérgica.

El universo —propone esta teoría— está conectado a través de la *lattice* (celosía, enrejado), una matriz, constituida a nivel cuántico, que contiene toda la información del universo. La lattice contiene la misma información en todos y cada uno de sus puntos. Lo que nosotros conocemos como realidad es el resultado de la interacción entre la lattice y nuestro campo neuronal. Pero el ser humano no es un receptor pasivo de la lattice. La conciencia no solo recibe la información. También participa de ella. Al hacerlo, la altera y la modifica.

"Cuando la energía se concentra de cierta forma en el cerebro se produce lo que él llama un campo neuronal, que interactúa con la lattice o matriz básica del espacio, y de esta interacción surge el mundo que vemos. ¿Cómo se crea la experiencia? Es la distorsión producida por la actividad cerebral —me explica Delaflor—. Sí existe un mundo material, pero lo que nosotros percibimos está mediado por esta interacción. Lo que percibimos está construido, no está dado".

El cerebro, para Grinberg, es una estructura *similar* a la lattice: un cuerpo orgánico cuyos 12 mil millones de neuronas se conectan por medio de los axones. El cerebro, dice Grinberg, es un espejo donde se refleja la lattice. Y el órgano capaz de decodificarla por medio de un proceso que llamó la *neuroalgoritmización*.

Durante meses, Grinberg estuvo presente en la sala de operaciones de Bárbara Guerrero, *Pachita*. ¿Cómo debe reaccionar un científico ante lo que veían sus ojos? Grinberg cuenta que Pachita sacaba tumores o transplantaba órganos sanos después de extirpar riñones o pulmones enfermos. Lo que más interpelaba a Grinberg era que, de la nada, aparecían en las manos de la chamana un riñón, un pulmón o un pedazo sano de cerebro que injertaba en los cuerpos de sus pacientes.

Grinberg se explicó esos milagros por medio de su teoría sintérgica. Decía: el cerebro de Pachita es capaz de alterar la lattice. Por eso el interés de Grinberg en estudiar los cerebros de los chamanes mexicanos y los lamas tibetanos.

"Lo voy a explicar en términos especulativos: si el cerebro construye el mundo que vemos, ¿qué pasa si nos encontramos con un cerebro que no procesa el mundo como los demás? El chamán aparentemente tiene capacidades que le permiten hacer predicciones o curaciones de formas que no son entendidas de manera convencional porque su conciencia es distinta: distorsionan de otra manera la base del espacio y, por lo tanto, tienen habilidades que otros no tienen. El interés de Jacobo, más que antropológico, era 'necesito encontrar cerebros que no funcionan como los cerebros convencionales para ver si la teoría tiene sustento'", dice Delaflor.

"Todos nuestros pensamientos están interrelacionados […] muchos ni siquiera son nuestros, sino que vienen del colectivo", anotó Grinberg. En busca de huellas medibles de la interacción entre el cerebro humano y la lattice, pensó en el concepto *potencial transferido*. Quería saber si los cerebros de dos personas podían comunicarse. El experimento era sencillo: dos personas se encontraban y conversaban. Después, metía a cada una a una cámara de Faraday, en donde no tenían ningún tipo de contacto. Ahí, estimulaba solo al sujeto A. Quería saber si el cerebro del sujeto B, en ese mismo momento, registraba una variación eléctrica medible por los aparatos. Según el periodista Sam Quiñones —que escribió sobre Grinberg tres años después de su desaparición—, sus resultados fueron positivos en el 25 por ciento de los casos.

"Para la ciencia son casualidad. Como no se ha logrado replicarlo con un nivel estadístico confiable, la comunidad científica lo ha eliminado de sus áreas de experimentación", escribió Leah Bella Attie (*Alicia en el país de la conciencia*). Attie era la colaboradora de Grinberg que estaba a cargo de los experimentos de potencial transferido al momento de la desaparición del investigador.

La teoría sintérgica no se tomó en serio. "Me siento como excomulgado, viviendo al margen de la sociedad, [ese ha sido] el precio a pagar por no someterme al paradigma imperante", escribió Grinberg en *La batalla por el templo*.

Meses antes de desaparecer, Grinberg recibió a un reportero. Le dijo que sus investigaciones tenían tres vertientes: el enfoque neurofisiológico, que desarrollaba en el laboratorio; el enfoque chamánico, que se hacía en el trabajo de campo, y el estudio de las distintas escuelas místicas. "Lo acusan de charlatanería", lo provocó el reportero. "La ciencia se define por su método, no por sus temas", replicó el psicofisiólogo.

Sam Quiñones hace una bella síntesis de la sintergia: "La teoría por la que Grinberg llegó a ser conocido reflejaba su personalidad. Basándose en la física y en sus experiencias con curanderos, un poquito de Einstein, un poquito de doña Pachita, su mensaje esencial era cálido y esperanzador: toda la humanidad está interconectada. Grinberg pasó casi toda su vida de adulto tratando de probar esta idea. Si tuvo éxito o no es un debate que continúa en su ausencia".

EL LABORATORIO

Así lo describe Manuel Delaflor: "Entrabas y había un espacio de oficina con el escritorio de Jacobo enfrente de una ventana. Había libreros por todos lados y podíamos sentarnos ahí ocho o diez personas con sillas alrededor del escritorio. Luego un pasillo, otra computadora y varios estantes y aparatos de registro electroencefalográfico. Después venía un baño independiente y una cámara de Faraday en donde podía la gente entrar y estar aislados electromagnéticamente del entorno".

Leah Bella Attie y Amira Valle tenían poco más de 20 años cuando trabajaban con Jacobo Grinberg. Ellas han escrito un libro para rescatar sus memorias y los trabajos científicos que hicieron con la dirección de su maestro. Se llama *Alicia en el país de la conciencia* e hicieron una edición de autor en 2014. Ellas conocieron a Jacobo Grinberg cuando él estaba en la cuarta década de su vida. Grinberg ya había desarrollado sus principales teorías. Era consciente de la heterodoxia de sus planteamientos y del rechazo que provocaban en los científicos institucionales.

En el volumen, Attie y Valle cuentan que cuando Jacobo Grinberg llegaba enojado al laboratorio "su energía era tan fuerte que las computadoras paraban o no prendían. Teníamos que poner las manos encima para que se calmaran como si fueran cachorritos". Por el contrario, cuando Grinberg estaba feliz y entusiasmado, "el hipercampo del laboratorio cambiaba" y los aparatos funcionaban a la perfección.

Jacobo Grinberg dirigía el laboratorio número 23 de la Facultad de Psicología de la UNAM, el cual obtuvo cuando lo nombraron coordinador de la maestría en Psicobiología. Allí pasaba la mayor parte de su tiempo. "Tenía cámaras de Faraday, electroencefalógrafos, equipos para inducir sonidos con bocinas; tenía registros psicofisiológicos, tasa cardiaca, pletismógrafo para respiración, [medidores de] temperatura distal periférica", recuerda Juan José Sánchez Sosa, quien, en la década de los noventa, era director de la Facultad de Psicología. La cotidianidad se desarrollaba entre computadoras, plumillas y papel de electroencefalograma.

"Jacobo era muy entusiasta y podía ser muy convincente y elocuente con las personas correctas. En la UNAM nosotros teníamos siempre las mejores computadoras antes que nadie. Era el mejor laboratorio", recuerda Delaflor.

Celebraba reuniones semanales cada viernes a las tres de la tarde. Attie y Valle cuentan que era una delicia intelectual. Discutir los proyectos de trabajo, los hacía hablar de filosofía, ciencias y disciplinas orientales. Y no tuvo problema en aceptar entre sus colaboradores al "genio autodidacta" —así lo llamaba— Manuel Delaflor, quien carecía de títulos y diplomas.

Jacobo Grinberg también se postulaba a diversas convocatorias del Conacyt y la UNAM para obtener becas para los 15 colaboradores que llegó a tener el laboratorio.

"No existían los buscadores [de internet], pero Jacobo era muy diestro buscando y encontrando qué fundaciones financiaban proyectos. Alguna vez me dijo: 'No tienes idea de la cantidad de dinero que nadie usa porque nadie responde a las convocatorias'. Él conseguía dinero del Conacyt, que ya existía, con relativa facilidad", recuerda Sánchez Sosa.

Al laboratorio acudían lamas tibetanos, chamanes indígenas, cabalistas judíos, pacientes operados por Pachita. Grinberg los invitaba a que entraran a la cámara de Faraday a ponerse gorritos con electrodos en la cabeza para medirles el *potencial evocado* y el *potencial transferido*, conceptos centrales en las investigaciones del equipo. El laboratorio era el epicentro, pero los investigadores salían a confrontar sus hallazgos. Delaflor recuerda que acompañó a su maestro a ver a luminarias contraculturales de su época, como Carlos Castaneda —el autor de *Las enseñanzas de don Juan*— o el muy excéntrico jesuita Salvador Freixedo, experto en ovnis.

"Jacobo daba batallas frontales para defender el laboratorio de despiadados ataques", escribió Amira Valle. Ataques que provenían del "grupo de neurofisiólogos que no podía aceptar que un miembro de su comunidad hubiese cambiado radicalmente el enfoque, alejándose de la ortodoxia". Por esas épocas, Grinberg dirigía el curso de meditación en el auditorio de la facultad; tenía la cátedra de Mecanismos de la Memoria, y además daba un seminario con especialistas, con quienes discutía temas diversos.

"Cuando empieza a describir estas otras experiencias que parecían no tener explicación, una gran cantidad de la comunidad científica de la UNAM y de afuera dijeron: 'Es otro charlatán, ya está hablando de cosas raras, no está haciendo ciencia', pero Jacobo nunca dejó de usar el laboratorio con la metodología apropiada", recuerda su amigo y colega Sánchez Sosa.

"Cerramos los jueves", decía un letrero pegado en la puerta del laboratorio. Leah Bella Attie descubriría que los jueves Jacobo Grinberg se dedicaba a meditar, hacer yoga y profundizar en prácticas orientales. Leah quiso sumarse, después uno y otro colega de su equipo se fueron animando hasta que los jueves se convirtieron en el día en que varios integrantes del laboratorio viajaban a la cabaña que Grinberg tenía en algún lugar de los Altos de Morelos. Allí les enseñó yoga, meditación autoalusiva, Pranayama (una técnica de respiración) y caminatas de conciencia: a cada paso había que tocarse un dedo y decir za-ta-na-ma… "Era ver al académico transformarse en nuestro maestro espiritual", escribió Attie. "Durante un tiempo, cada jueves, ahí íbamos a hacer meditación. La cabaña estaba en medio del bosque y no tenía agua ni luz, ni nada", dice Delaflor.

Era una época sin internet ni celulares. Las cartas se recibían por fax y se imprimían en ruidosas impresoras de puntos. No había teléfono adentro del laboratorio y, cuando Grinberg tenía llamada, Leah era la responsable de salir corriendo a contestar el teléfono.

Algunos colaboradores se ganaron el mote de "los cuatro sintérgicos". Uno de los sueños de Grinberg era establecer el Instituto Nacional para Estudios de la Conciencia (INPEC): un espacio donde integrar sus búsquedas científicas y espirituales: continuar con sus investigaciones y también enseñar meditación y yoga. Pero sobrevino su desaparición a finales de 1994 y sus proyectos quedaron en vilo.

LAS FRONTERAS

Jacobo Grinberg cruzó las fronteras de la ciencia. Experimentó con la ouija, el *I Ching*, la astrología y la cábala; creyó en la *visión extraocular* (ver sin los ojos) y enseñó a los niños a practicarla. De acuerdo con sus escritos, alguna vez logró levitar; rememoró 12 vidas pasadas y al menos dos veces *mudó de cuerpo*. Fue a Costa Rica a buscar señales de la Atlántida, el continente perdido, acompañado de chamanas de ese país. Cuando Grinberg escribió sus libros la contaminación del aire en la Ciudad de México era ya insoportable. Según su propio testimonio, no se quedó cruzado de brazos: con ejercicios de respiración y meditación limpió la atmósfera de algunas de las manzanas a la redonda. Luego se comunicó a la Secretaría de Ecología (*sic*) para ofrecer su técnica y fue cortésmente desairado.

Pero acaso su experiencia más audaz la vivió junto a Bárbara Guerrero, *Pachita*, la chamana que hacía transplantes de órganos con un cuchillo de monte. Grinberg atestiguó decenas, acaso cientos de operaciones de pacientes que llegaban desahuciados y se iban felices, sanos y curados. Pachita —cuenta Grinberg— entraba en trance y el espíritu de Cuauhtémoc, el último emperador azteca, tomaba el cuerpo de la chamana. Grinberg se dirigía a Pachita como "Hermano", porque en realidad le hablaba a Cuauhtémoc, con quien conversaba en los intervalos entre paciente y paciente.

"Supe que yo estaba ahí no para fundar un instituto [de estudios de la conciencia] sino para establecer un puente de unión entre Cuauhtémoc y Quetzalcóatl [...] Cuauhtémoc me animaba a escribir en un lenguaje florido [...] me contaba de su vida de emperador y de la terrible conquista [a la] que fue sometido él y su reino", cuenta el propio Grinberg. "Publiqué un libro sobre Pachita y mis colegas de la UNAM pensaron que había enloquecido", recordó después.

En la India fue a buscar a un gurú de 800 años de edad, pero llegó tarde: había muerto tres días antes. En México buscó al chamán don Panchito, menos longevo, pero que llegó a los 130 años. También estuvo en busca de las huellas históricas del indio yaqui Juan Matus, el sabio de *Las enseñanzas de don Juan*. Se convenció de su existencia histórica y absorbió sus ideas por medio de los libros de Carlos Castaneda.

"Comencé a sospechar que las ideas que yo suponía mías en realidad me habían sido dadas por don Juan desde el otro mundo [...] mi campo neuronal había logrado interactuar con don Juan en alguna zona de la lattice".

He hecho una enumeración de algunas de las fronteras intelectuales que Grinberg cruzó, y que él mismo contó en el delicioso volumen autobiográfico *La batalla por el templo* (1991). Lo dicho aquí con prisa y trivialidad posee, en realidad, un atrevimiento que el lector solo encontrará cuando lea los libros de Grinberg.

Su audacia intelectual más seductora tiene un giro borgiano o de cuento de Philip K. Dick. Cuenta Grinberg que, en los años cincuenta, un inmigrante europeo llegó a una universidad norteamericana a dictar conferencias sobre la conciencia. Se le conocía como el Viejo. Convocó a sus estudiantes más comprometidos a apartarse a una vida de reflexión en una reserva indígena. Ahí, el maestro llegó a un grado tan elevado de meditación que un día se esfumó entre los árboles. Ese maestro se llamaba —coincidentemente— Jacobo *Albert* Grinberg-Zylberbaum.

Décadas después, uno de los discípulos del Viejo encontró los libros de Jacobo Grinberg —el mexicano—, y notó que coincidían punto por punto con las enseñanzas del viejo Albert. Grinberg —el joven— se pregunta si acaso el espíritu del Viejo lo ha tomado y guiado desde su infancia, específicamente desde un momento crucial: la muerte de su madre, Estusha. "¿Era Albert el arquitecto del plan y yo una simple herramienta en sus manos para realizar sus deseos?", se pregunta. Acerca de aquel hombre "de vez en cuando recibo noticias confirmatorias de su existencia y de su conexión misteriosa con la mía".

Sin embargo, dice Delaflor, Jacobo siempre renegó de que lo tildaran de *parapsicólogo*. "Esto es ciencia", decía.

Y nunca, recalca su amigo Sánchez Sosa, nunca Jacobo Grinberg perdió contacto con la realidad. Era reticente al consumo de alcohol y drogas. Nunca alucinó ni oyó voces.

"Buscaba la explicación científica para aquello que no parecía científico. Siempre regresaba a la metodología científica, principalmente la metodología experimental. Le alborotaba la mente el encontrar un puente entre lo que había visto aparentemente sin explicación ninguna y lo que sabíamos de neurofisiología y psicofisiología", afirma.

EL HOBBIT

"De lejos parecías un hobbit de Tolkien, bajito, regordete", le escribe Amira Valle. Poseía una bella voz de tenor. En la intimidad —me cuenta Estusha Grinberg— le gustaba cantar arias de ópera. Acumulaba frascos de vitaminas y las consumía seguido, y en las paredes colgaba collages de fotografías de sus viajes, en particular sus retratos con lamas o chamanes. Le gustaba la comida judía, pero en la cotidianidad lo recuerdan comiendo en el puesto de quesadillas de la Facultad de Psicología y disfrutando tacos de chile relleno.

Se movía en cochecitos sencillos: un vochito azul celeste y un Brasilia que lo llevó con Estusha en un largo viaje hasta San Francisco, California. Se encerraba a escribir y a meditar en una cabaña en el fraccionamiento Los Robles, en Morelos, que había bautizado como *Safed* en honor a una ciudad de cabalistas en Israel. Ahí no había luz ni agua, solo paz y silencio.

Tenía carácter fuerte. Impulsivo, me dice Manuel Delaflor. "Gruñón, sangroncito, fascinante, un genio", añade Amira Valle. "Duro, exigente y perfeccionista", dice Leah Bella Attie. "No era una persona realizada, no tenía logros contemplativos ni regulación emocional", según Valle. "Jacobo era neurótico. Nos hizo llorar varias veces. La gente lo tenía idealizado: no estaba iluminado", remata Attie.

Ella cuenta que Grinberg dormía poco. "Decía que su cabeza era un radio. Un día no podía dormir, prendió su radio de onda corta y escuchó la noticia: empezaba la guerra del Golfo".

"Soy una especie de iluminado neurótico", se confesó Grinberg ante Attie. Hay una escena que quedó marcada en los recuerdos de Amira y Leah. Además de científica en ciernes, Leah era bailarina. Se preparaba para una presentación en el Festival Cervantino y tenía un ensayo aquella tarde. Se disculpó por retirarse antes de su hora de salida y se despidió de sus colegas. Grinberg montó en cólera. Golpeó la mesa con los puños y le puso un ultimátum: elige el laboratorio o la danza. Uno de los colaboradores lo llamó a la calma.

"Está bien, pero termina lo que estás haciendo en el laboratorio porque no me queda mucho tiempo", pidió Grinberg.

Su hija Estusha lo recuerda de una manera diametralmente distinta: un padre amorosísimo y muy consentidor, y un hombre sereno que nunca se estresaba. Amira Valle y Leah Bella Attie también lo rememoran haciendo expediciones al Espacio Escultórico para meditar en grupo o caminando entre las milpas y nopaleras de Morelos tras una sesión de yoga. A Grinberg le emocionaba el aprendizaje. Cuando aprendía algo nuevo parecía un niño feliz.

De niño le llamaban Jacky en la familia y lo hacía feliz ir de vacaciones a Acapulco. En ese entonces criaba tarántulas, desarmaba radios y televisores para aprender su funcionamiento y construía pequeños aviones. En esos años tuvo un sueño revelador: estaba adentro de una nave espacial y un ser extraño le ponía cables en la cabeza. Le enseñaba a leer libros con solo poner sus manos encima del volumen y le daba una predicción que se cumpliría décadas después: escribirás muchos libros.

EL ESCRITOR

Nunca acudió a un taller literario ni manifestó, de niño o adolescente, deseo de convertirse en escritor. Sin embargo, un día —un día que recuerda bien Lizette Arditti— se propuso escribir.

"Yo quiero escribir, y voy a hacer mucho dinero de escribir. Siento que puedo hacer suficiente dinero y entonces voy a poder dejar la facultad".

Por aquel entonces Estusha tenía apenas cuatro añitos de edad. "Su apasionamiento por escribir le dio de un día para otro", recuerda Arditti. Era 1972, posiblemente. Desde entonces y hasta 1994, el año de su desaparición, Jacobo Grinberg escribió más de 50 libros. Sus obras solían ser breves, pero su fiebre escritural no deja de ser un portento para un académico de tiempo completo, viajero incansable, que pasaba parte de su tiempo buscando financiamientos para la investigación o tomaba algún empleo ocasional para completar sus ingresos.

"En ocasiones podía escribir durante horas y sentirme fresco en lugar de cansado", recordaba el propio Grinberg en el libro dedicado a Pachita. Y sí: llenaba agendas con su letra pequeñita que luego pasaban a máquina sus asistentes de investigación. Escribía cuatro libros simultáneamente y se aventuró a diversos géneros. Libros de texto para estudiantes, tratados científicos; pero también cuentos y novelas de ciencia ficción, poemas y su volumen autobiográfico, una honesta revisión de sí mismo —a veces quizá demasiado severa— que recuerda a las *Confesiones* de San Agustín.

"Se sentaba durante horas, todo lo escribía en manuscrita y nunca corregía, o mínimamente", añade Arditti, testigo de su súbita conversión a escritor. Primero empezó con cuentos: "Sus cuentos son sueños de libertad —me dice—, de encontrarse a un sabio en una cueva que le diga de qué trata la vida y el cosmos. Y tuvo una evolución hasta novelas más complejas como *Los cristales de la galaxia*, completamente integrada a la teoría sintérgica".

De joven se bebió a los grandes autores de ciencia ficción. Todos, dice Arditti: Asimov, Clarke, K. Dick, Le Guin…

A veces dictaba sus textos en casetes que luego transcribían sus asistentes de investigación. Los martes eran sus días de escritura en el laboratorio. Además, se encerraba en su cabaña del fraccionamiento Los Robles, en Ahuatlán, Morelos, a poner sus ideas en negro sobre blanco. Entre sus discípulas corrió la idea de que podía escribir un libro en una sola noche.

Aprendió a jugar con las palabras, como lo hizo con la creación del nombre de su teoría sintérgica. Con las metáforas puestas al servicio de la ciencia, la noche estrellada le hacía pensar en una red neuronal: las estrellas hacían sinapsis unas con otras. El cosmos como un gran cerebro pensando: pensándonos. Lo mismo imaginó del planeta: si la Tierra es un ser viviente —como estaba seguro que era—, ¿en dónde estaría su mente? ¿Dónde guardaría sus recuerdos? Alguna vez hizo esta pregunta frente a sus colegas del laboratorio y Amira Valle aventuró una respuesta: en el mar, ahí está la memoria de la Tierra. Grinberg asintió.

LOS DELFINES

Jacobo Grinberg nadando con delfines. Esa es la última imagen que Amira Valle y Leah Bella Attie guardan de su maestro, en noviembre de 1994. Querían probar si era posible que los cerebros de los niños con autismo y los cerebros de los delfines experimentaran el potencial transferido. Habían conseguido gorritos con electrodos adaptables a los mamíferos marinos del parque acuático Atlantis, en el Bosque de Chapultepec. Como Attie estaba embarazada, se quedó en la orilla. Amira, Jacobo y Terita —su última esposa— se lanzaron al acuario con trajes de neopreno. Todo iba bien hasta que un delfín atacó a Terita y la obligó a salir de la alberca. La jornada de nado con delfines terminó con un regusto amargo. Tres décadas después, estos sucesos se leen como una señal de mal augurio o, quizá, un asomo de advertencia interespecie. ¿Qué percibió aquel delfín de lo que ocurría con Grinberg?, se pregunta Attie.

"La conocí en una reunión, vestida al estilo iraní y con unos ojos rasgados que le daban una apariencia extraña. Más rara me pareció su conducta y su lenguaje", escribió el científico en su autobiografía. Poco antes de conocerla, Grinberg había visitado a un quiromanciano que había leído las líneas de su mano. Le dijo que "estaba a punto de conocer a [su] verdadera compañera… y que sería mi última oportunidad de formar una relación estable", como escribió Grinberg en *La batalla por el templo*. Grinberg decidió creerle y se casó con Teresa Mendoza, *Terita*, la mujer que ha sido señalada como sospechosa de colaborar en su desaparición.

En las vísperas del 12 de diciembre de 1994 —cumpleaños de Jacobo Grinberg— lo esperaban en casa de Luis Schettino —uno de "los cuatro sintérgicos"— para celebrar sus 48 años, pero nunca llegó. Su familia también le había preparado una comida que se quedó sin cumpleañero.

Las alertas tardaron algunas semanas en encenderse, porque Grinberg y Teresa tenían un viaje programado a Campeche y luego otro a la India. La policía de investigación descubriría después que ni siquiera habían comprado los vuelos. Nunca se volvió a saber de Jacobo Grinberg.

Hay distintos puntos de vista sobre los últimos meses del científico y en particular del papel de Terita. Sam Quiñones, periodista estadounidense que se interesó por el psicofisiólogo tres años después de su desaparición, afirma que 1994 había sido un buen año para el investigador. Los experimentos sobre potencial transferido eran prometedores; Grinberg los había llevado a un congreso internacional y había regresado *radiante*. Estaba feliz porque recibió noticias de que el libro *Pachita* sería traducido al inglés. En efecto, tenía problemas con Terita, pero se debían a que ella quería tener hijos y Jacobo no. Salvo eso, "Grinberg tenía todas las razones para estar con Terita".

Otros indicios apuntan a que Grinberg y Terita mantenían una pésima relación. A su hermano Jerry, Grinberg le había dicho que tenía miedo de su pareja y prefería dormir en una combi (testimonio dado al cineasta Ida Cuéllar). La desaparición sigue sin aclararse. El documental *El secreto del doctor Grinberg* (Ida Cuéllar, 2020) especula con la hipótesis de que la Agencia Central de Inteligencia de Estados Unidos (la CIA) secuestró a Grinberg —posiblemente— para usar sus descubrimientos con propósitos militares. La película de Cuéllar apunta a que Terita pudo haber colaborado en la desaparición.

A principios de diciembre de 1994, sonó el timbre del teléfono en el laboratorio. Ruth Cerezo, una de "los cuatro sintérgicos", tomó la llamada. Era Terita, quien le informaba escuetamente que ya no esperaran a Jacobo durante el resto del mes. Pero pasó el tiempo y, al no recibir señales de vida, la familia y los amigos de Jacobo acudieron a las autoridades. La Procuraduría General de Justicia del Distrito Federal asignó al comandante Clemente Padilla como responsable de la investigación. Padilla estableció que Grinberg había desaparecido contra su voluntad, pero nunca lo encontró y apuntó hacia Teresa como sospechosa. Hasta el día de hoy el caso sigue sin aclararse.

Los recuerdos de Valle y Attie pintan a un Jacobo Grinberg librando batallas. Una de ellas con Terita: Jacobo llegaba alterado al laboratorio "especialmente después de pelearse con Teresa, y perdía por completo el control, [estaba] en mucha turbulencia emocional", escribieron en el manuscrito inédito *Anécdotas de laboratorio*.

La desaparición de Grinberg dejó en la orfandad a varios de sus colaboradores. "Cuando él desaparece canibalizan el laboratorio: todo el mundo se pelea por las cosas porque teníamos lo mejor de lo mejor", dice Delaflor. Valle y Attie acusan que aquellos colegas que menospreciaban su trabajo se apropiaron de las computadoras y los sofisticados aparatos de su laboratorio, que quedó clausurado. A Estusha se le permitió sacar objetos personales de su papá, pero las investigaciones, los *papers*, los proyectos quedaron interrumpidos y abandonados.

Desde entonces, la familia de Jacobo Grinberg se ha encargado de resguardar y difundir su legado. Lizette Arditti, en su momento, fue la creadora de las portadas originales de los libros de quien fuera su primer esposo. Su hija, Estusha Grinberg, gestiona la página web oficial: jacobogrinberg.com. Ella es una de las representantes más importantes del género World Music en México, y musicalizó el libro de poemas *Cantos de ignorancia iluminada* de su padre. Su página web es estusha.com. Nicolás Mesnage, yerno de Jacobo, ha sido un promotor infatigable de los libros de Grinberg, al ser el primero en digitalizarlos y ponerlos de vuelta al alcance del gran público. Jacobo Grinberg tiene hoy dos nietas —a las que no conoció—, Ixchel y Leilani. Esta última es la autora del retrato que acompaña este texto. La Biblioteca Jacobo Grinberg que se publicará en Debolsillo forma parte de este esfuerzo por mantener el legado del científico mexicano.

En internet circulan fantásticas hipótesis: que lo secuestraron los ovnis, que se transformó en el Subcomandante Marcos del EZLN o que llegó a un estado meditativo tan elevado que simplemente se evaporó. Una de las teorías compara a Jacobo Grinberg con Neo, el personaje de la película *The Matrix* (hermanas Wachowski, 1999). La *matrix* es un programa de realidad virtual en el que todos vivimos inmersos. Los robots han tomado el control del mundo y nos mantienen esclavizados, conectados a cables para extraer nuestra energía. Esos mismos cables nos conectan a *the matrix*, a la ilusión en la que creemos estar vivos, mientras somos expoliados. Jacobo Grinberg, como Neo, se ha liberado de esa matriz y es el primer hombre libre de la Tierra. Y así se propaga la leyenda, el mito del autor de culto, guía intelectual y espiritual.

Lizette Arditti anota otra hipótesis: en un país como México, con 120 mil desaparecidos, te matan —y acaso te desaparecen— por robarte el dinero de la billetera.

Juan José Sánchez Sosa dice lo que perdió la ciencia: "Lo que le haya pasado es una pérdida gigante para la psicología en particular. Iba en el camino correcto, acabaría no sé si con el Premio Nobel, pero sí con un premio importante. Hubiera encontrado los principios regulatorios de lo que vemos y decimos: 'No lo puedo creer'. Y describir cómo ocurrió: cómo es que lo vi y cómo se explica".

"¿Qué diría hoy si regresara?", se pregunta Lizette Arditti. Aventura una respuesta: aprovecharía los avances tecnológicos para probar sus teorías y prestaría poca atención a la mitificación de su personaje. Arditti lo compara con el Quijote. "Jacobo podría ser un Quijote. Porque el Quijote era un congruente total: vivía su cuento". Amira Valle le escribe con cariño y nostalgia: "Te mando un beso a la lattice, donde habitas por siempre". Amira Valle, Leah Bella Attie y Manuel Delaflor tienen además un proyecto: darles continuidad a las investigaciones de su maestro y reabrir un laboratorio para volver a ellas. Su hija Estusha Grinberg pide recordarlo no solo como un gran científico, sino, también, como un hombre que dio su vida por la búsqueda de libertad.

Retrato de Jacobo Grinberg-Zylberbaum hecho por su nieta
Leilani Grinberg.
leilanigrinberg.com
IG: __leilani_grinberg__

INTRODUCCIÓN

Por Lizette Arditti

Los cristales de la galaxia es el último libro escrito por el doctor Jacobo Grinberg antes de su desaparición en 1994. Trata de una ficción del destino de la conciencia y la libertad del hombre, así como de los alcances posibles de la tecnología y todo el entramado con los conceptos de la teoría sintérgica. En esta novela póstuma, Jacobo imagina cómo sería la realidad de los humanos en un futuro. Nos habla de un orden galáctico muy avanzado que hace posible la comunicación y los viajes interplanetarios en segundos.

Al crear la teoría sintérgica,[1] Jacobo se adelantó al espíritu de los tiempos actuales con gran imaginación y la logró fundamentar, en parte, con los resultados de su investigación en el laboratorio. La construyó paso a paso a través de "estudios y concepciones de la mecánica cuántica contemporánea, aproximaciones psicofisiológicas, elementos de la mística judía y cristiana, desarrollos del budismo y de las vivencias de chamanes mexicanos".

Dicha teoría es una creación bastante compleja que surge de una pregunta: ¿cómo le hace el cerebro para transformar los estímulos que entran por nuestros sentidos en experiencia consciente? Dado que todo lo que entra al cerebro se convierte en impulsos nerviosos indiferenciados, el cerebro nunca contendrá ni la flor que vemos ni el sonido que escuchamos, ¿cómo llegamos a ser conscientes de dichas percepciones? Si en el cerebro no existe un lugar específico para la experiencia y la conciencia, entonces

---

[1] Grinberg-Zylberbaum, J., *La teoría sintérgica*, México: INPEC, 1991.

¿dónde situarlas? La respuesta tendría que ser el espacio. El espacio no es vacío sino una matriz hipercompleja y holográfica llamada *lattice*. El cerebro es, a su vez, otra matriz compleja, dada por la posibilidad de 86 millones de neuronas y cada una con la posibilidad de conectarse con otras 5 mil, lo que da un total de 430 billones de conexiones o sinapsis. Cualquier cambio de la actividad cerebral de un individuo, como la percepción de algún objeto, provoca un campo neuronal capaz de distorsionar la lattice. Lo mismo pasa con la suma de la actividad de muchos cerebros, ya que en estas matrices todo está interconectado. Un campo neuronal es capaz de distorsionar la estructura del espacio. La interacción entre un campo neuronal, la distorsión de la lattice y nuestra percepción dan como resultado la experiencia consciente.

Esto dicho en un párrafo muy resumido, pero a Jacobo le tomó muchos años y mucha tinta crear su teoría incorporando cada día más conceptos e ingeniando experimentos en el laboratorio de la UNAM, para intentar demostrarla con más datos cada vez. Escribió alrededor de 56 libros y la mayoría, de alguna manera, bordados con esta teoría. Jacobo desapareció en 1994, cuando acababa de escribir este libro. A su correo regular llegaron innumerables cartas de papel, ¡aún no existía el correo electrónico de forma masiva y cotidiana, sino solamente de manera institucional!

Es una verdadera pena su falta. Con los avances de la tecnología Jacobo hubiera llegado mucho más lejos; su mente es genial a donde quiera que se encuentre. Podría estar vivo a sus 72 años de edad.

La ciencia avanza paso a paso para encontrar la clave del mecanismo de la conciencia y también avanza vertiginosamente en la construcción de ordenadores cada día más sofisticados y con una cantidad inconmensurable de datos que hacen de ellos instrumentos que pueden ayudarnos o destruirnos. Esta alimentación de datos a las máquinas, da la posibilidad de convertirnos en un algoritmo a través de la información que posee cada uno de los individuos, controlando así casi todos los aspectos de nuestra vida. Lo que hace peligrosa a la inteligencia artificial es que no tiene conciencia, no tiene órganos de los sentidos, no tiene discernimiento ni capacidad de reflexión, no puede tomar decisiones en función de la evolución del pensamiento, sino más bien de ideologías al servicio de unos cuantos que ganan poder y dinero.

Antes de que este poder tecnológico siga irrumpiendo e invalide a los humanos convirtiéndolos en autómatas, podríamos desentrañar los misterios de la conciencia para "humanizar" con ella a la inteligencia artificial y siga siendo instrumento para aumentar nuestras posibilidades, en lugar de convertirnos en sus esclavos.

Es algo así como imaginó Jacobo en *Los cristales de la galaxia*: los poseedores de cristales de mayor capacidad sintérgica podían ser utilizados para controlar de acuerdo a un solo mando imperial o para organizar cooperativamente a los seres humanos desde valores como la libertad y la autorregulación consciente.

La luz del sol que alumbra nuestro planeta durante el día hace que veamos lo inmediato, lo cotidiano, y es tan deslumbrante que perdemos la visión del más allá. La oscuridad de la noche, en cambio, nos expone el firmamento, ese cúmulo de estrellas que viajan a la velocidad de la luz por años para alcanzarnos y revelarnos su existencia. Observamos con la luz del día una realidad y con la oscuridad de la noche, otra. Si nos atrevemos a explorar la noche nuestra perspectiva cambia, podríamos sentirnos insignificantes frente al inconmensurable universo. No obstante, en el instante que pensamos que formamos parte de nuestro planeta, de nuestro sistema solar, de nuestra galaxia y de todo el sistema de galaxias, ese puntito que somos se vuelve conciencia. ¿Qué tan responsables nos hace saber que somos los poseedores de esa conciencia? ¿Hacia dónde vamos como raza humana? ¿Seremos capaces de preservar esta facultad que nos ilumina como humanos? La conciencia humana es lo único que puede salvarnos.

Acerca de la desaparición de Jacobo se han inventado muchas historias. Sin embargo, nunca tuvimos una evidencia plausible o ni siquiera alguna pista de su ubicación. He aquí un párrafo del libro que me impactó, que narra la desaparición de Moisés:

Moisés no había muerto, decían, sino que se había esfumado sin dejar huella alguna. Ni siquiera se habían podido hallar sus sandalias o su túnica. Dios lo había atraído hacia Él y ahora moraba en esos cielos repletos de estrellas, en otros mundos en donde no se necesitaba ni alimentación ni vestimentas, en donde todo era divino y desde donde se decidía el destino del universo y sus habitantes.

¿Quiénes serán los elegidos para unirse a las huestes del señor? y ¿de qué dependerá la elección? Eran preguntas que flotaban entre las tiendas caldeadas por el sol del desierto.

El legado de Jacobo se continúa con esta obra póstuma, y siempre que exista curiosidad por desentrañar los misterios de la contienda, él será un referente.

Tepoztlán, Morelos, 2019

PRIMERA PARTE

I

EL PREÁMBULO

En el año 48235, el hombre vivía en cincuenta planetas de la Vía Láctea. La antigua y noble Tierra servía como centro de la administración y sede del gobierno imperial. En el Museo Galáctico se resguardaban los restos de la historia de la especie. De acuerdo con sus archivos, el hombre de la más remota antigüedad, cuando apenas empezaba a explorar los planetas del sistema solar y todavía no había descubierto la forma de extraer energía directamente de la lattice del espacio-tiempo, se percató de que todos los objetos poseían la capacidad de guardar información. En realidad, no se sabía cuántos hombres averiguaron lo anterior. De acuerdo con las lecturas psicométricas de la roca de San José, pareció existir un periodo en el cual una forma de arte-ciencia similar a la actual floreció en lo que denominaban Centroamérica.

Ciertos individuos de gran sensibilidad y poder personal, los denominados brujos, conocieron el secreto de guardar en cristales y rocas estados específicos de conciencia que utilizaban en ceremonias rituales y como instrumentos de poder. Esta práctica se perdió por varios siglos para después ser descubierta por algunos coleccionistas excéntricos que la mantuvieron secreta y solo para ser utilizada para su satisfacción personal. La roca de San José es el único espécimen de esa época que se conserva en el Museo Galáctico y todavía mantiene huellas mnémicas de su origen, pero solamente los especialistas más expertos son capaces de lograr transferencias legibles de ella. El uso de cristales grabados solo se comenzó a extender en la galaxia cuando terminó la etapa de colonización y después de que se aseguró la satisfacción primaria de todos los habitantes de los cincuenta planetas habitados, es decir, a partir del año 43400, aproximadamente. Los últimos cinco mil años, las prácticas de grabado informacional y lectura de cristales se convirtieron en la principal ocupación de la raza humana. Se crearon institutos y universidades en los cuales se investigaba la técnica y se entrenaron cuadros de especialistas para su uso. El valor de algunos cristales famosos llegó a ser exorbitante y su posesión se limitó a los grandes gobernadores y, por supuesto, al emperador de la galaxia. Miles de millones de cristales de menor valor, cargados con estados emocionales diversos y formas de experiencia específica se hicieron circular entre la población.

El nivel de conciencia del ser humano de hace cuarenta y seis mil años era tan primitivo que los lectores de la roca de San José debían entrenarse durante años en técnicas de fíltrate para no sufrir el choque cognitivo que implicaba la transferencia a partir de una información de tan baja sintergia. Uno de los precursores tuvo que someterse a un tratamiento de reconfiguración cerebral después de sus primeros intentos psicométricos.

El terreno mostraba dos característicos montículos de piedras semiocultos por la vegetación selvática pero reconocible para los ojos expertos de Josefina. Sabía que ocultaban tumbas de brujos y que bastaba con excavar durante algunas horas para hallar las redondeadas rocas multicolores. No sabía por qué doña Gertrudis deseaba esas rocas, creía que por estética y para mostrárselas a sus amigos, tan raros como ella misma. De todas formas, a Josefina solo le interesaba el dinero que recibía por ellas. Doña Gertrudis era rica y excéntrica, tomaba entre sus manos las muestras que le llevaba Josefina y cerrando sus ojos verbalizaba la cifra. No importaba que la roca fuera grande o pequeña o que su orificio central estuviera magníficamente tallado, tampoco la cifra dependía del color o la consistencia, sino de algo misterioso que doña Gertrudis sentía al sobarlas entre sus manos mientras permanecía con los ojos cerrados. Aquella tarde, sin embargo, Josefina iba a enterarse del secreto.

Sacó la pequeña pala de su morral y comenzó a aproximarse al primer montículo. Sabía que estaba profanando algo sagrado, el lugar de reposo de un hombre. Las rocas siempre se encontraban cerca de los cráneos o a veces en el interior de las bocas blanquecinas y polvosas de las calaveras. Josefina había aprendido a no sobresaltarse ante la vista de las osamentas, pero lograrlo le había costado años de pesadillas y dolores de cabeza. Procedió a retirar las piedras superficiales y después de percatarse de que nadie la veía, comenzó a cavar. Había adquirido la costumbre de marcar con un número diminuto cada piedra que retiraba para después volverla a colocar en su misma posición al terminar el trabajo. Era una especie de retribución que intentaba anular la culpa que sentía. Algo en ella sabía que eso no cancelaba su pecado, pero lograba disminuirlo. Además, reconstruyendo el montículo nadie podría enterarse de la violación. Colocó las piedras en círculo alrededor de la tumba y al introducir la pala en la tierra maldijo su suerte. La superficie estaba tan compacta que tardaría horas en alcanzar la profundidad adecuada. Los restos de los brujos que había desenterrado siempre se encontraban a la misma profundidad. La había medido, setenta y siete centímetros exactos. No sabía por qué todas eran iguales y no había nadie a quién preguntarle, excepto doña María, pero nunca se había atrevido a hacerlo. Doña María era una curandera que vivía en su mismo pueblo y estaba segura de que descendía de algún brujo y, por ello, hacerle la pregunta o descubrirle su trabajo era imposible. Era una lástima porque tenía tantas dudas y nadie con quién compartirlas. Algunas veces se había acercado a la choza en la cual doña María vivía, pero un escalofrío súbito y el temor de que la curandera adivinaría su ocupación la alejaban del lugar.

Al atardecer, Josefina llegó a la profundidad adecuada, dejó la pala a un lado y se sentó a descansar. El aire estaba pesado y el sudor la cubría. Volteó a los alrededores y no pudo distinguir señales de alguien en las inmediaciones. Respiró tranquila y observó la vegetación que la rodeaba. Era la selva de Costa Rica, cientos de tonos de verde reptaban en la superficie y se alzaban al cielo en forma de helechos, plantas floridas y árboles de todas formas y tamaños. A lo lejos se alcanzaba a ver una montaña totalmente tapizada de vegetación. Lo único que no era verde era el cielo despejado de un azul transparente y la tierra matizada de oro y amarillo. Amaba esa tierra, había nacido en ella y todo le era familiar. En su búsqueda de montículos había recorrido la mitad del país admirándose de sus valles y colinas, ríos y lagunas. Todo en Costa Rica era un inmenso jardín lleno de flores y orquídeas, selvas y lagos.

El estómago de Josefina hizo un ruido peculiar y se dio cuenta de que estaba hambrienta. Sacó unas tortillas de su morral y las calentó después de prender una pequeña fogata. En un pequeño recipiente había guardado arroz precocido y frijoles. Comió y bebió agua y descansó mientras la tarde se acomodaba alrededor de su cuerpo. Le era imposible comer después de tocar los huesos y por eso siempre lo hacía antes. Se recostó en la hierba y dormitó unos minutos. La despertó el canto de un pájaro que saludaba al atardecer. Tomó su pala y con cuidado siguió excavando, sabía que estaba a punto de llegar al esqueleto y debía cuidar de no tocarlo demasiado o ¡Dios no lo quiera!, dañarlo. Sabía lo que sucedería de hacerlo, noches enteras de pesadillas y dolores de cabeza que durarían semanas. Ya lo había experimentado y nunca le volvería a suceder.

Sintió algo suave rozando el filo metálico de la pala, la dejó a un lado y con las manos apartó la tierra, ¡allí estaba!, blanca y porosa, deliberadamente lisa, había una calavera y junto a ella una pequeña roca multicolor con un orificio perfecto. La imagen le despertó una de sus preguntas, ¿para qué el agujero? Había conjeturado que para introducir un listón o algo parecido que servía para colgar la roca al cuello, pero nunca había logrado descubrir restos de hilos, cordones o cables. Con mucho cuidado tomó la roca en sus manos y en ese instante experimentó una sacudida tremenda. Era como si la roca estuviera cargada de electricidad. El choque fue tan intenso que cayó de espaldas sobre una piedra todavía sosteniendo la roca entre sus manos y su cuerpo perdió el conocimiento. No supo cuánto tiempo permaneció tirada en medio de las piedras, pero cuando logró recuperarse era de noche. Se levantó y caminó alrededor de la tumba sintiéndose extrañamente ligera. Parecía que su cuerpo hubiese perdido peso. Buscó su pala y al tomarla sintió un pequeño bulto tirado en el suelo. Se acercó a este y horrorizada descubrió que era un cuerpo humano. Se aproximó más para distinguir sus facciones y al hacerlo comenzó a temblar, ¡era su propio cuerpo!

Tardó varios minutos para enfocar su situación. Allí estaba su cuerpo inconsciente frente a ella, pero entonces, ¿desde quién estaba observando? Tuvo una sensación aplastante de vértigo y deseó no estar allí. No le importaba dejar evidencias con tal de regresar a su casa. Vio las paredes de su choza y su techo de palma entretejida. Se imaginó su hamaca y la tranquilidad de estar acostada en ella. Sintió una red que la sostenía y no supo nada más. A la mañana siguiente, la despertó el canto de un gallo, abrió los ojos y se dio cuenta de que todo había sido una pesadilla. Había tenido tantas desde que se dedicaba a ese maldito trabajo que no se asombró. Estaba en su choza recostada en su hamaca. Se levantó frotándose los ojos y escuchó un sonido opaco, como si algo se hubiera caído de la hamaca golpeando el piso de tierra. Buscó y comenzó a temblar de nuevo. La roca multicolor se hallaba allí. La recogió con temor y al tocarla volvió a sentir una sacudida que la lanzó en contra de la mesa de madera que le servía para comer. Volvió a perder el conocimiento y al recuperarlo vislumbró su cuerpo tirado en el piso de su choza. Sintió que se había vuelto loca de remate y salió despavorida de la choza gritando. Corrió durante horas sin saber en qué dirección lo hacía y de pronto se dio cuenta de que sus pasos la habían conducido a la tumba que había abierto. Se acercó a ella y de nuevo vio un bulto tirado entre las piedras; era su cuerpo. Depositó la roca multicolor junto a los restos blanquecinos del brujo, la cubrió con tierra y rehízo la tumba colocando el montículo de piedras en el orden original y cayó inerme agotada por el cansancio. Se despertó en su cuerpo original y juró mejor morirse de hambre "antes de volver a tocar otra de esas rocas".

II

DE LOS CRISTALES

Situs Nonágeno Alcántico, el actual emperador de la galaxia, vivía en la Tierra. Existían planetas más excitantes, pero todos sus antepasados habían gobernado desde allí y él no pensaba romper la tradición. Descendía de una línea ininterrumpida de emperadores que habían dirigido el destino de la galaxia desde hacía diez mil años, es decir, a partir de la gran revuelta de las Pléyades. La galaxia en ese entonces estuvo a punto de dividirse en dos facciones enemigas, pero el gran Avizur Alcántico logró equilibrarlas y fue nombrado el primer emperador. Su hazaña se debió a que siempre llevaba consigo el "diamante Azur" cargado de un alto nivel de sintergia. Del cuerpo de Avizur Alcántico se desprendía tal poder de convencimiento que los generales en disputa no pudieron oponerse a sus sugerencias. Nadie en toda la extensión de la galaxia poseía como los emperadores mejor acceso a los más finos cristales, ni nadie como ellos podía dedicarles mayor tiempo e interés. De hecho, desde Avizur Alcántico había sido obligación de los sucesivos emperadores mantener ciertos estados de conciencia y, para ello, recibían un entrenamiento estricto desde niños, en el cual eran sometidos a un programa de transferencia directa de experiencias por contacto con cristales secuenciados. La secuencia estaba matemáticamente definida en términos de valor sintérgico de los cristales.

Al nacer el que se convertiría en futuro emperador de la galaxia, dormía rodeado de cristales de baja sintergia hasta que su cuerpo y cerebro imitaban incorporando ese valor a cada célula y tejido. Más tarde, la disposición de cristales era modificada incorporando elementos de mayor sintergia hasta lograr un siguiente proceso de mutación. A medida que se avanzaba en la secuencia, la coherencia, densidad informacional y equilibrio cerebral se incrementaban. Mantener estados de alta sintergia requería de un trabajo extenuante de prácticas de meditación y contacto con cristales cada vez más potentes. La coronación de un emperador acontecía cuando se traspasaba un umbral sintérgico que le permitía tener la experiencia de "centro". De todos los aspirantes, descendientes en línea directa de Avizur Alcántico, se escogía el que poseía mayor capacidad de unificación. El emperador gobernaba desde la fuente de la que se alimentaba la conciencia humana. Actuaba como un cristal biológico de máxima pureza y su elevadísima sintergia le permitía sostener el hipercampo de la especie humana impulsándolo hacia el cumplimiento de su futuro ideal. El emperador de la galaxia actuaba como el más potente atractor del futuro ideal del hipercampo humano.

Mindrido, el anciano tutor del emperador Situs Nonágeno Alcántico, abandonó la cámara de meditación en la que se había recluido y caminó lentamente en dirección a los jardines del lado sur del palacio. Un súbito anhelo de contacto con las flores que crecían allí lo había invadido. Las cosas no marchaban del todo bien desde hacía dos meses. Mientras caminaba recordó los acontecimientos que lo tenían preocupado.

De los cincuenta planetas habitados por seres humanos en la galaxia, uno intrigaba a la corte del emperador. De hecho, era el de Rads, de reciente colonización. Apenas quinientos años antes se le había detectado con posibilidades de sostener la vida humana y se había enviado una expedición para estudiarlo con detalle. El planeta en cuestión pertenecía a un sistema solar cuádruple y giraba en una órbita equidistante con respecto a los cuatro soles de su sistema y, por ello, se le había bautizado con el nombre de Cuádruplex. Nunca oscurecía en su superficie y lo cubría una biosfera de coloración iridiscente. Su temperatura era ideal y constante sin modificaciones estacionarias.

Podía decirse que sus variaciones eran mínimas y, por lo tanto, resultaba un adecuado lugar para ser colonizado por una población tipo Épsilon IV de imitantes de estabilidad emocional absoluta. Todo había marchado bien durante los quinientos años de vida de la colonia humana de Cuádruplex, pero, exactamente hacía sesenta días terrestres, una señal inequívoca de alteración del hipercampo había sido detectada precisamente desde allí.

Mindrido lo recordaba a la perfección. Había sucedido durante una sesión tutorial con el emperador. Estudiaban juntos un procedimiento recién descubierto en el planeta Antrex para multiplicar la potencia de varios cristales ayudándose de una estructura octaédrica. Los resultados eran pasmosos, puesto que se lograba incrementar la recepción de mensajes transmitidos a través del hiperespacio. La extensión del dominio galáctico era tan enorme que el emperador debía utilizar cualquier medio a su alcance para detectar variaciones mínimas de la sintergia del hipercampo. Este debía mantenerse enfocado en una dirección adecuada, que no era otra más que el estado de conciencia del propio emperador. El proceso durante aquella sesión memorable había sido el usual. En completo silencio, él y el emperador ocuparon sus respectivos asientos en el interior de la cámara de meditación. Esta se hallaba suspendida antigravitacionalmente a cuatro mil metros de altura sobre el océano Atlántico. Cerraron los ojos y Mindrido explicó el procedimiento a seguir y verificó que las fases del mismo fueran las correctas. Los primeros diez minutos los dedicaron a establecer contacto transferencial con los cristales hasta lograr la total fusión mental con sus estructuras. Después, dedicaron el resto del tiempo a explorar el hipercampo, ayudados de la potencia transferida de los cristales. El aparato ideado en Antrex funcionaba magníficamente, pero de pronto, una frecuencia extraña alteró la direccionalidad del hipercampo. Esta dejó de focalizarse en el emperador para, más bien, dirigirse en la dirección de alguien o algo en Cuádruplex.

El hipercampo contenía el producto no lineal de todas las conciencias humanas y su alteración direccional significaba un destino ideal diferente del imperial. Mindrido se había sobresaltado al experimentar la modificación hipercámpica y entreabrió los ojos para fijar su vista en el emperador con el objeto de constatar si él también la había sentido. Notó un cambio en la respiración de

Situs y supo que también él se había dado cuenta. En la elaboración compararon sus experiencias y exploraron la procedencia del cambio.

Mindrido se acercó a las rosas del jardín del palacio y las olió intentando tranquilizarse. La alteración se había mantenido constante los últimos dos meses y precisamente esa constancia era lo que más le preocupaba. De continuar así, se infiltraría en todas las bandas de hipercampo modificando sus valores, y el factor de direccionalidad colectivo saltaría de su lugar a ocupar una posición inimaginable. Aquello no podía permitirse a menos que reportara alguna ventaja para la conciencia humana, un novedoso derrotero mucho más satisfactorio que el que había tardado diez mil años en lograrse. Mindrido descartó la idea. Aun si eso fuera cierto, las oscilaciones intermedias del factor de direccionalidad, al lograr su nueva posición, acarrearían daños inmensos para el enfoque colectivo y, con ello, peligros de toda índole: desmembramientos de la unidad, posibles revueltas y, sobre todo, angustia y dolor; y Mindrido estaba demasiado viejo para soportar aquello. Por otro lado, algo inmenso tenía que estar sucediendo en Cuádruplex para lograr alterar el hipercampo y, principalmente, para mantener la alteración por tan largo tiempo. Desde luego que en la historia del imperio habían acontecido sucesos similares, pero nunca duraban más de unos minutos y eran prontamente acallados por la potencia de la mente de los emperadores que siempre habían logrado restablecer las condiciones direccionales adecuadas. Ahora era distinto, Situs se encontraba incapaz de anular la alteración.

Mindrido decidió pedir al Instituto de Investigaciones de Antrex intervenir antes de que fuera demasiado tarde.

III

EL INSTITUTO

El Instituto de Investigaciones de Antrex estaba situado en el planeta del mismo nombre en las inmediaciones del centro de la galaxia. Más de la mitad del planeta estaba ocupada por las instalaciones del instituto, el cual se consideraba de la máxima excelencia en toda la galaxia. Se dedicaba a resolver interrogantes que requerían el mayor nivel tecnológico y de creatividad. Los otros institutos situados en el resto de los planetas se consagraban a problemas de menor envergadura, tales como la producción en masa de cristales de poca duración con cargas sintérgicas concretas para ser usados por la población mayoritaria. Estos cristales lograban enfocar la conciencia de quienes los usaban en determinadas bandas sintérgicas. De esta forma se obtenían accesos a orbitales de conciencia permitidos. El usuario se fusionaba con el cristal y hacía suyo el conocimiento resguardado en el orbital correspondiente. Las poblaciones de algunos planetas tenían preferencias por la activación de ciertas cualidades de experiencias y esos gustos determinaban el tipo de instituto que lograba florecer en el planeta. Así, por ejemplo, Ayame en la cercanía de la constelación de Andrómeda era famoso por su instituto, en el cual se investigaban técnicas cristalográficas para activar experiencias sensuales. Los institutos se mantenían a sí mismos vendiendo patentes y participando en la carga y elaboración de los cristales que producían. La mayor parte de los cristales investigados y producidos en los institutos planetarios era relativamente barata y de pequeña vida media. Existían regulaciones estrictas a este respecto tanto por razones estratégicas como de protección a la población. Solamente los gobernadores de cada planeta y, por supuesto, el emperador de la galaxia, podían usar cristales de vida media larga y de potencia sintérgica grande. Pero aun los gobernadores debían someterse a las regulaciones imperiales que limitaban, sobre todo, el poder de los cristales. La dirección del hipercampo era la prerrogativa exclusiva del emperador y este no toleraba modificaciones globales de la misma. Si algún gobernador violaba las regulaciones y mandaba cargar secretamente con demasiada potencia, su uso era detectado inmediatamente por el emperador y la alteración producida anulada con consecuencias funestas para el responsable. Estas no consistían en castigos físicos, sino en la pérdida de bandas mentales individualizadas.

El Instituto de Investigaciones de Antrex se dedicaba a la investigación sintérgica y de cristales para el emperador. Cuando este los utilizaba y después controlaba su uso, los gobernadores interesados podían solicitar copias de menor potencia y duración, las que llegaban a la población tras ser dominadas, a su vez, por los gobernadores. El sistema era lógico, eficiente y de una abstracción y poder prístinos. Cada nivel conquistado por el emperador era así transferido vía los gobernadores a toda la especie. Cada paso se mantenía orientado en una dirección, la cual no era otra sino el cumplimiento del futuro ideal del hipercampo. El emperador era, por así decirlo, la punta de lanza del proceso, el responsable de experimentar en sí mismo nuevos cauces de desarrollo y de alimentar, con ello, al resto de los habitantes de la galaxia. Lo que primero era de uso exclusivo del emperador, después era utilizado por las masas en un proceso de desarrollo que prometía ser interminable. Así, copias de la banda sintérgica activada por el diamante Azur se habían grabado en millones de cristales de cuarzo que cualquiera podía adquirir.

El proceso educacional en los planetas se basaba y estaba orientado de manera similar. Los niños recorrían la historia mental de la galaxia experimentando en sí mismos la secuencia del desarrollo de la conciencia del hombre, con la ayuda de cristales especialmente diseñados para acoplarse a las edades, intereses y capacidades de infantes y adolescentes. Las universidades se encargaban de este proceso educacional, de investigación y aplicación del conocimiento adquirido. Una gran cantidad de jóvenes distinguidos y de gran inteligencia era reclutada en los diferentes institutos y los verdaderamente geniales eran enviados a Antrex.

El doctor Graig Wregler se sorprendió cuando en las pantallas holográficas apareció la imagen angustiada de Mindrido. Se comunicaban a intervalos regulares para intercambiar opiniones y mantener informado al emperador de los avances en las investigaciones. Mindrido respetaba mucho al doctor Wregler, quien era considerado un verdadero genio. Desde niño había mostrado una creatividad inmensa y una facilidad extraordinaria para resolver los más intrincados problemas matemáticos. Se le había nombrado director general del Instituto de Investigaciones de Antrex a los diecinueve años de edad, algo sin precedentes en la historia de la galaxia. Mindrido mismo lo había detectado en uno de sus viajes al cúmulo de las Pléyades y desde el primer instante que lo escuchó quedó encantado por su frescura, inteligencia y poder. El doctor Wregler se había mantenido en la dirección del instituto durante los últimos treinta años y nunca había visto tan preocupado a Mindrido. Se volvió a sorprender mientras escuchaba la petición del anciano tutor del emperador. Esta implicaba reconocer al responsable de la desviación hipercámpica. En primer lugar, ninguno de sus instrumentos había detectado alguna alteración hipercámpica; y en segundo, jamás hubiera pensado que el emperador se mostrase incapaz de hacer retornar el factor de direccionalidad hipercámpico a su posición adecuada. Mindrido deseaba saber qué o quién estaba provocando la alteración, qué nivel de potencia la originaba y sobre todo cómo anularla. El doctor Wregler le prometió intervenir personalmente en la investigación y mantenerlo informado. Mindrido se despidió urgiéndolo para mantener secreto el acontecimiento y pidiéndole solicitar la misma reserva a los colaboradores que intervinieran en el proyecto. Al terminar la comunicación, el doctor Wregler se arrellanó en su sillón y organizó su mente para idear una estrategia de acción. Decidió convocar a una junta urgente con sus principales asesores y, mientras estos eran localizados, se dirigió al laboratorio central del instituto.

El doctor Wregler nunca dejaba de maravillarse por la sofisticación del equipo que tenía a su disposición. Todas las computadoras utilizaban la estructura fina del espacio-tiempo como medio computacional, detectando los flujos informacionales inscritos en el espacio y creando imágenes holográficas tridimensionales de la estructura de la lattice en cualquiera de sus puntos amplificando a estos hasta límites que desafiaban la imaginación. Considerando que un punto infinitesimal de la lattice contenía toda la información de la galaxia, su representación tridimensional amplificada constituía la máxima hazaña matemática. Él había sido el principal artífice del sistema y nunca se cansaba de verlo funcionar. El hipercampo también estaba inscrito en la lattice y teóricamente era posible descomponer sus componentes hasta el grado de reconocer la participación de cada campo neuronal individual en su estructura. "¡Teóricamente! —enfatizó la mente del doctor Wregler—, pero no prácticamente". Nunca se había intentado tal nivel de especificidad, pero todo tenía su primera vez. La imagen amplificada de un punto de la lattice se proyectó en el espacio central del laboratorio obedeciendo el comando del doctor Wregler. Este ordenó a la computadora comparar la estructura resultante con muestras resguardadas en la memoria del sistema.

Parecía fácil al decirlo, pero lo que iba a realizar la computadora era comparar el estado actual de la galaxia con niveles previos de la misma mantenidos en la memoria de la máquina. Si la alteración había comenzado hacía sesenta días terrestres, la computadora detectaría algún cambio comparando muestras obtenidas cada diez días a partir de tres meses atrás. El doctor Wregler hizo un cálculo mental de las operaciones matemáticas necesarias y lanzó un silbido de asombro. La cifra sobrepasaba un valor de diez seguido de trescientos cincuenta mil ceros. A la velocidad máxima de cómputo, la respuesta tardaría diecisiete minutos en ser completada. Ese era el primer paso; si la computadora era capaz de detectar alguna alteración, el segundo paso sería entrar en ella y descomponerla en sus bandas para tratar de responder a la pregunta de Mindrido. Era increíble que un cerebro humano pudiese detectar alteraciones sutiles en la dirección del hipercampo. Solo una mente imitante como la del emperador y su tutor era capaz de tales hazañas. Internamente, el doctor Wregler sintió una chispa de orgullo por la encomienda que se le había solicitado; significaba sobrepasar el nivel del emperador. Acalló la sensación y el pensamiento juzgándolos inadecuados. Debía enfocar su atención en resolver el problema y nada más. Al salir del laboratorio central fue informado que todos los asesores habían sido localizados y que la junta empezaría en unos cuantos minutos. Apresuró el paso dirigiéndose a la sala del consejo y el pensamiento reprimido volvió a aflorar a su conciencia. Lo dejó estar y se colocó en la posición de observador del mismo mientras entraba en la sala del consejo.

Los más grandes científicos y pensadores de la galaxia se encontraban allí reunidos, sentados alrededor del pódium en forma de herradura. Eran doce en total, contando al doctor Wregler, quien ocupó su lugar frente a una pequeña mesa circular localizada en el espacio abierto de la herradura. El salón del mobiliario anterior tenía un techo cupular y paredes metálicas brillantes de paneles rectangulares. Los asesores del Instituto de Investigaciones de Antrex eran asesores de otros tantos institutos y se habían transportado a través del hiperespacio. La técnica de transportación hiperespacial permitía viajar millones de años luz en forma casi instantánea aprovechando los canales de interconexión hiperespacial. Quedaban cinco minutos antes de recibir los resultados del análisis y el doctor Wregler los aprovechó para explicar los motivos de la reunión. Repitió lo que Mindrido le había confiado y les explicó el primer paso que había dado en la computadora central del instituto. Todos se prepararon para recibir los resultados y en ese momento las paredes y el techo de la sala del consejo se transparentaron y una proyección holográfica ocupó todo el espacio interior, mientras la computadora explicaba las imágenes. La primera proyección mostró el estado del hipercampo hacía noventa días, los componentes principales se habían hecho resaltar, lo mismo que la geometría que indicaba la direccionalidad de los flujos hipercámpicos. Era un espectáculo delicioso a la vista. Una imagen virtual del hipercampo quedó flotando en el espacio y sobre ella se superpuso el estado hipercámpico registrado diez días después, notándose algunas variaciones mínimas, pero con los mismos flujos direccionales. Aquello indicaba un desarrollo normal de la conciencia colectiva. Las dos imágenes sobrepuestas se compararon, a su vez, con el campo neuronal del emperador.

La operación de sobreposición se repitió tres veces y todos estuvieron de acuerdo en que hasta hacía setenta días terrestres el hipercampo de la especie humana seguía enfocado en el atractor extraño del emperador. Mediante un proceso de promediación se fijaron las resultantes dinámicas y se compararon con la siguiente imagen obtenida el día crítico, es decir, hacía sesenta días terrestres. Todos notaron la desviación, era mínima, de apenas una milésima de grado, pero estaba allí sin lugar a dudas. Solamente afectaba a uno de los vectores secundarios de los flujos y su tamaño diminuto solo pudo haber sido notado por un cerebro tan evolucionado como el del emperador y su tutor principal. Los análisis de los siguientes periodos mostraban una infiltración paulatina de la desviación en otras bandas hipercámpicas. La magnitud de la desviación segura seguía siendo la misma, pero el hecho de hallarse infiltrada en un número mayor de bandas sintérgicas mostraba una tendencia generalizada. Pronto, todos en la galaxia empezarían a sentir sus efectos. La proyección cesó y las paredes metálicas y la cúpula de la sala de consejo adquirieron solidez. Se discutieron los resultados y entre todos elaboraron una estrategia de análisis para poder resolver la siguiente pregunta: ¿qué o quién estaba provocando la desviación? Decidieron extrapolar las líneas de flujo con el objeto de buscar alguna zona especial de convergencia. La sala de consejo volvió a transparentarse y la siguiente proyección holográfica confirmó la detección de Mindrido. La desviación provenía del planeta Cuádruplex. Los índices de amplificación convergente se llevaron al máximo a fin de definir con mayor exactitud la procedencia de la alteración. La imagen de Cuádruplex comenzó a flotar en medio de la sala con los flujos hipercámpicos que rodeaban y entraban al planeta.

IV

SENSACIONES

Situs Nonágeno Alcántico, el emperador de la galaxia, no lograba conciliar el sueño. Flotaba en el centro de la cámara imperial en su posición favorita, boca abajo con los brazos entrelazados sosteniendo su cabeza. Flotaba totalmente desnudo sintiendo una incomodidad a pesar de que la temperatura y humedad de su habitación estaban regulados impecablemente, siguiendo sus mínimas oscilaciones corporales. Se había sentido en forma similar en el pasado, pero nunca por tanto tiempo y jamás con la sensación de extrañeza que experimentaba. Algo había cambiado en el hipocampo y su espíritu hipersensible lo detectaba sin lugar a dudas. Durante sesenta días había luchado por anular la sensación sabiendo que de lograrlo haría retornar los flujos hipercámpicos a sus posiciones adecuadas. No tenía parámetros de comparación más que los suyos propios, pues estaba totalmente solo en la inmensidad de la galaxia sin nadie en quien resguardarse. Por supuesto que Mindrido lo ayudaba, pero quien debía sostenerlo todo era él y nadie más. Mindrido no poseía el poder como para hacer retornar el bienestar que sentía cuando todo era como debía ser.

En esos sesenta días de lucha constante no había sido capaz de cancelar esa extrañeza que ya ocupaba cada pensamiento de su mente y cada célula de su cuerpo. ¿Cómo dormir sintiéndose extraño para sí mismo? Lo peor era que ya notaba signos de desmembramiento entre algunos gobernadores y eso significaba que también ellos comenzaban a experimentar lo mismo que él. Pronto el efecto se infiltraría hacia la población de los planetas y la consecuencia sería inimaginable, la galaxia entera dejaría de tener centro de sostén y las conciencias individuales estallarían en expresiones de inconformidad y confusión. ¿Qué sucedería entonces? El emperador no quiso imaginárselo, ¡debía cancelar esa extrañeza y hacerlo cuanto antes! Ordenó una disminución en la intensidad del flujo antigravitacional y su cuerpo comenzó a descender lentamente hasta llegar al piso de la cámara. Con agilidad se calzó unas sandalias y cubrió su cuerpo con una bata suave y afelpada y caminó hacia su espacio de meditación, se sentó en flor de loto y recorrió su cuerpo milímetro a milímetro observando las sensaciones que aparecían en la superficie de su piel. Realizó decenas de recorridos y después unificó todas las sensaciones en la experiencia de unidad corporal. Era un procedimiento antiquísimo utilizado para lograr el primer nivel de integración. Observó su cuerpo como unidad, pero la sensación extraña no se canceló, seguía allí con una fuerza increíble. Se levantó de su lugar y llamó a Mindrido; sabía que este ya había recibido los primeros informes del Instituto de Investigaciones de Antrex.

Su tutor apareció unos minutos más tarde visiblemente preocupado. El emperador observó sus ojeras y supo que, como él, Mindrido no había logrado descansar. Se saludaron con cariño y el anciano le mostró las grabaciones holográficas que el doctor Wregler le había transmitido. Las desviaciones en los flujos direccionales del hipercampo se habían hecho resaltar y el emperador las notó de inmediato.

—Ha realizado un buen trabajo ese Wregler —le dijo a Mindrido visiblemente complacido por la perfección técnica del análisis—, sin embargo, no veo aquí la solución a este molesto asunto.

Mindrido asintió y propuso que ambos hicieran contacto con el doctor Wregler a través del comunicador hiperespacial. El emperador negó con la cabeza.

—Mejor —dijo— trasladémonos ambos a Antrex.

El doctor Wregler los recibió en el laboratorio central del instituto, visiblemente nervioso por la inesperada visita. Nunca antes un emperador en persona había estado allí y Wregler no sabía cómo conducirse. El emperador lo calmó:

—Actúe con naturalidad —le dijo en el tono más amistoso que pudo pronunciar— y muéstrenos lo que ha averiguado.

El doctor Wregler activó el sistema de proyección después de invitar al emperador y a Mindrido a sentarse en uno de los sillones y ante los tres apareció la imagen tridimensional de Cuádruplex flotando en el espacio del laboratorio.

El planeta Cuádruplex poseía una conformación geográfica particular: no se podía hablar de la existencia de continentes en su superficie, sino más bien de un conjunto de millones de islas de diferentes tamaños rodeadas de un océano color verde brillante. La vegetación en cada isla era iridiscente en miles de tonos verdes y los cuatro soles que la alumbraban proyectaban sombras complejas e interacciones entre ellas, dando lugar a formas caprichosas. En cada isla se había construido un conjunto de edificaciones que servían de casas, talleres, almacenes y tiendas para sus habitantes. La conformación insular había determinado la inexistencia de instituciones políticas centralistas en el planeta, cada isla funcionaba como una celdilla individual con una organización autónoma y con un poder político, económico e informacional autosuficientes.

El doctor Wregler activó la proyección de flujos hipercámpicos y estos aparecieron rodeando al planeta y filtrándose en su interior a través de todas las islas y los canales marítimos. La imagen era de una belleza espectacular, dando la impresión de una red extraordinariamente compleja y casi sólida abarcando a todo el planeta y densificándose en ciertas porciones o abriéndose en abanicos multicolores.

Las oleadas de calor ascendente terminaron súbitamente y Lord Pimental se vio invadido por una imagen majestuosa en la cual dos gigantescas galaxias, alejadas una de la otra por una inmensidad espacial, se comunicaban a través de un flujo luminoso multicolor. Una de las galaxias brillaba irradiando un matiz azul metálico transparente, mientras que la otra cambiaba constantemente sus tonalidades, alternando colores anaranjados con violetas, seguidos de rosas y verdes salpicados de pinceladas doradas. El flujo que las conectaba trasladaba los cambios de coloración de la galaxia multicolor hacia la otra, atravesándola sutil, pero poderosamente. No había nadie que observara a la imagen, sino que esta se veía a sí misma. Para Lord Pimental, esta forma de conciencia se estaba convirtiendo en usual desde que había comenzado "aquello". Nada de lo que veía poseía un referente de observación situado en un observador separado, las imágenes se veían a sí mismas aconteciendo en una modalidad autorreferencial. Él no veía, sino que la imagen ocurría en una totalidad sin fronteras de separación entre sí mismo y el resto. La imagen le acontecía a Lord Pimental, siendo él el Único Uno.

Abrió los ojos y volvió a contemplar los reflejos dorados del agua y de pronto comprendió la visión, algo proveniente de muy lejos lo había escogido como interfase para lograr una transformación. Su propia galaxia estaba siendo bombardeada por flujos de conciencia originados en otra galaxia en la que habitaban seres que vivían la realidad de como él se había convertido en un espejo receptor reflejando los flujos hacia el interior de su propia galaxia modificándola en el proceso. No había necesidad de comunicarse con nadie puesto que la infiltración ya estaba aconteciendo, bastaba seguir recibiendo y autotransformándose. Él, por su simple pertenencia a la especie humana, modulaba el cambio y a partir de él este tendría ya que estar generalizándose al resto de la especie. El hipercampo tendría que estar modificándose ya, y esto significaba que el emperador tendría que averiguar su procedencia.

V

INTERACCIÓN GALÁCTICA

Lord Pimental se acarició la barba mientras contemplaba los reflejos verdes y dorados que se desprendían de la superficie del agua y de pronto experimentó otra sacudida muscular en todo el cuerpo. Se preparó para el escalofrío que siempre lo acompañaba. Primero, el ascenso del frío desde los pies hasta la cabeza; y después, el calor. Volteó a ver el calendario galáctico situado sobre su escritorio y las marcas de los días que habían transcurrido desde que comenzó a sufrir las sacudidas y escalofríos. Se arrellanó en su mecedora y se preparó para la oleada de calor. Allí venía, como una estampida de coloxones salvajes, atravesando la laguna de Cuádruplex. Cerró los ojos, esperando las imágenes internas y las oleadas de conocimientos que se asociaban a ellas. Cuando aquello empezó a ocurrir hacía sesenta días terrestres, se había asustado creyéndose invadido por una extraña enfermedad, pero ahora se había acostumbrado a los preámbulos corporales y no dejaba de maravillarse ante el espectáculo que precedían. Ningún cristal le había proporcionado tantos modos distintos de estados de conciencia y tal riqueza de conocimientos e imágenes. Se sentía transformado por ellos y poco a poco habían empezado a entender su significado oculto.

Lord Pimental gozaba de un merecido prestigio entre los habitantes de Cuádruplex por su ecuanimidad y realismo, era respetado y admirado por su estabilidad emocional, pero todo por poseer una mente que lograba recorrerse a sí misma en todos sus procesos. Ahora esa capacidad se había centuplicado desde que empezó "aquello". Primero, lo había estimulado a explorar su sensación de mismidad hasta sus últimas consecuencias, descubriendo que por detrás de lo que parecía ser un último reducto del yo, no existía ningún centro de identidad. Nada, en toda su vida, lo había asombrado tanto como ese descubrimiento. Él, en realidad, no era definible, ni su condición yoica existía como un atributo esencial permanente. Su estabilidad emocional se fundamentaba en el mantenimiento de un contacto con su centro de identidad y había puesto que este era inamovible e indestructible, pero las experiencias que seguían a los escalofríos le habían demostrado que estaba equivocado. Poseía en su interior una multiplicidad de yoes y su aparente centro solo se sostenía por una narrativa aprendida y por su imagen corporal. Fuera de estas experiencias no existía un Lord Pimental concreto y absoluto.

Extrañamente y en contra de todo lo que le había enseñado, la multiplicidad yoica no conducía al caos ni a la dispersión, sino a la apertura y a la fluidez. Lord Pimental intuía que se estaba apartando de todo lo que consideraban como adecuado y normal, de la dirección de desarrollo defendida e impulsada por el emperador de la galaxia. Los primeros días después de esta revelación se había asustado, pero ahora sabía que sus cambios poseían un significado mucho más amplio e importante de lo que jamás se imaginó. Representaban otra corriente de desarrollo, mucho más libre de dependencias. Supo que los cristales y su uso eran los culpables de que nadie experimentara lo mismo que él. Su sensación de estarse liberando de una esclavitud sutil era cada día más clara y poderosa, tanto que ya no lograba controlar sus límites, y un anhelo de comunicarla a los demás se estaba apoderando de él.

VI

EL ANÁLISIS

Un silencio solamente matizado por breves zumbidos provenientes del proyector holográfico había descendido en el laboratorio central del Instituto de Investigaciones de Antrex, mientras tres figuras humanas observaban, asombradas, las pulsaciones del flujo hipercámpico rebotando en el polo norte del Cuádruplex. Los ojos del doctor Wregler parecían querer perforar el flujo intentando descubrir en él alguna pista orientadora. Mindrido se había sentado en una silla y jugueteaba con las mangas de su túnica, con una actitud pensativa, mientras el emperador caminaba nervioso de un extremo al otro del laboratorio. De pronto, el doctor Wregler lanzó una exclamación que hizo que Mindrido se levantara de su asiento y que detuvo la mirada del emperador. Ambos se acercaron al director del instituto mientras este, excitado, señalaba la superficie de Cuádruplex. Se veía allí una especie de remolino y un ligero cambio en la tonalidad del flujo proveniente de la galaxia lejana.

—¿Qué es esto? —preguntó el emperador, y el doctor Wregler conjeturó que se trataba de una modulación.

—El flujo que se acerca a Cuádruplex no tiene componentes humanos, pero es interceptado por el campo neuronal de alguien y el patrón de interferencia resultante adquiere una modalidad humana, logrando así afectar nuestro hipercampo.

—Por supuesto —exclamó Mindrido—, debe existir una interfaz humana o de otra forma no se filtraría.

—¿Qué sucedería —preguntó el emperador— si la interfase fuera anulada?

—La perturbación no lograría establecer una interacción congruente con nuestro hipercampo —le contestó el doctor Wregler.

—¿Eso acabaría con su efecto? —volvió a preguntar el emperador.

—Terminaría con la perturbación actual, pero provocaría otra aún más extraña —contestó Mindrido.

—No lo sabemos —dijo el doctor Wregler—, pero es muy probable que así sea.

—Ordénele a su computadora hacer una simulación anulando la interfase —pidió el emperador— y veamos lo que sucede.

El doctor Wregler realizó una operación de sustracción y el remolino desapareció de la imagen holográfica. La desviación en la dirección del flujo hipercámpico disminuyó, pero después de unos segundos se empezaron a observar perturbaciones pulsantes en diversas zonas del hipercampo formando remolimos caóticos que se entrecruzaban amplificando sus efectos y produciendo curvaturas de indeterminación en toda la dimensión del espacio. El emperador volteó a ver a Mindrido y le cuestionó si su campo neuronal tendría el suficiente poder como para contrarrestar ese caos. Mindrido lanzó una breve mirada al doctor Wregler como preguntándose si sería prudente que este escuchara su contestación, pero sintiendo el apremio del emperador, lo miró fijamente a los ojos y aclarando su garganta le contestó con suavidad:

—Me temo que no.

—En ese caso —exclamó el emperador dirigiéndose al doctor Wregler—, localice al responsable de la interfase y cuando lo haga dígale que el emperador de la galaxia desea hablar con él.

Al oír la instrucción, al doctor Wregler le tembló ligeramente el párpado del ojo derecho. Nunca había intentado una decodificación tan específica y dudaba que pudiese hacerse, por lo menos en un corto plazo. Sin embargo, no dijo nada y prometió hacer todo lo posible. Después de despedir a sus visitantes, el doctor Wregler decidió convocar a otra reunión a sus asesores.

VII

EL EMPERADOR Y ANTUNA

Antuna Pintifaya, una mujer inteligente y sensata, representaba al planeta Cuádruplex ante la corte del emperador y había sido llamada por Mindrido para una entrevista personal. Se decía que ella poseía un equilibrio emocional casi total, no solo por pertenecer a la raza épsilon IV, sino por haber sido educada en la academia de Yantral, la misma a la que asistían los hijos de los gobernadores de los planetas. Era hija de Manintrako Pintifaya, gobernador de Cuádruplex, y en calidad de embajadora de su planeta natal, se le había informado de la pesquisa en marcha y de sus motivos, además de que podría ayudar a encontrar al responsable del cambio en la modulación hipercámpica.

Fue recibida por Mindrido en el salón de los embajadores, una construcción deslumbrante edificada sobre cincuenta pilares de quinientos metros de altura. Flotaban en el salón cincuenta proyecciones holográficas gigantescas de todos los planetas habitados de la galaxia junto con las insignias de sus gobernadores y sus símbolos planetarios. El de Cuádruplex constaba de cuatro soles y un círculo central en perfecto equilibrio.

Antuna penetró en el salón y al ver el símbolo de Cuádruplex experimentó una ligera alteración emocional. Inmediatamente la controló, sustituyéndola con un razonamiento: la habían invitado sorpresivamente y de manera urgente a una entrevista personal con el tutor del emperador de la galaxia y eso solo significaba que existía algún problema grave. Mindrido se encontraba en la zona central del salón y al verla entrar se aproximó a ella y la saludó efusivamente abrazándola. Antuna recibió la muestra de afecto con ecuanimidad. En realidad las emociones no le interesaban, pero respondió el abrazo sin rigidez y con soltura. El tutor la invitó a sentarse y él hizo lo propio y tras un breve silencio informó a la embajadora de todo lo que acontecía, rogándole mantenerlo en secreto. Antuna escuchó la petición de ayuda para localizar a la persona que estaba causando la alteración hipercámpica y, mientras meditaba en las palabras de Mindrido, pensó que la solución no era fácil, simplemente por el hecho de que en la región del polo norte de Cuádruplex existían dieciséis mil islas con una población de más de ciento diez mil habitantes. Se lo hizo saber a Mindrido y este asintió con un ligero movimiento de cabeza.

—Necesito mayor precisión —dijo Antuna, con un tono de voz objetivo y calmado.

Mindrido reflexionó inmediatamente y pidió una comunicación instantánea con el doctor Wregler. La imagen tridimensional de este apareció frente a ambos, los saludó y preguntó a Mindrido si podía hablar libremente con la embajadora.

—Por supuesto —le contestó el tutor—, ella ya está enterada y le hemos solicitado ayuda.

—Pues bien —asintió el doctor Wregler—, acabamos de terminar nuestra reunión y los asesores y yo hemos logrado discriminar el origen de la perturbación hasta el máximo posible. Se trata de una zona de cinco islas pequeñas localizadas a dos grados del polo norte geomagnético de Cuádruplex.

Mindrido pidió una proyección y las cinco islas aparecieron flotando en el espacio como vistas desde una altura de seiscientos metros. Los archivos planetarios se superpusieron a la imagen junto con la lista de los habitantes de la isla. Antuna recorrió los nombres tres veces y subrayó a tres personas: Siu Manglidon, Alxia Sonparnes y Lord Pimental.

Mindrido agradeció la colaboración del doctor Wregler y cerró la comunicación con él. Seguidamente, miró a Antuna y le pidió una explicación de su elección:

—Los tres son los únicos en la lista con el desarrollo mental suficiente como para lograr una perturbación del hipercampo con la magnitud de la presente.

VIII

EL TEMOR AUMENTA

Lord Pimental recapitulaba su vida y estaba a punto de descubrir, entre las imágenes interiores que veía, un patrón repetitivo cuando recibió un mensaje. La clave del mismo era de urgencia y, por ello, a pesar suyo, descontinuó el recorrido introspectivo y activó el sistema holográfico de comunicación.

La imagen tridimensional de Antuna Pintifaya apareció frente a él pidiéndole trasladarse inmediatamente al palacio del emperador de la galaxia en la Tierra. Sorprendido, Lord Pimental pidió una explicación y Antuna compartió con él toda la información que poseía hasta su entrevista con Mindrido. A punto de acceder, Lord Pimental comenzó a experimentar una serie de sacudidas musculares y de pronto la comunicación hiperespacial se interrumpió. Las oleadas de frío y el ascenso subsecuente de calor invadieron el cuerpo de Lord Pimental, pero con una intensidad tal que este cayó al suelo inconsciente.

Despertó en el interior de una cúpula geodésica totalmente iluminada con un resplandor dorado. Aunque las paredes de la cúpula parecían transparentes, la intensidad de la luz impedía ver el exterior. Lord Pimental recorrió su cuerpo buscando alguna herida o indicio que lo ayudara a comprender su súbito traslado a la cúpula, pero no halló nada irregular. Volteó a ver en derredor, pero el interior estaba totalmente vacío, a excepción de un sillón en el que se sentó. Recordó perfectamente todo lo que le había comunicado Antuna. Coincidía con su propia interpretación, no había duda acerca de las razones de sus ataques motores, sus escalofríos y las visiones que seguían a estos. Sus cambios de conciencia y su novedosa forma de percibir estaban siendo estimulados desde afuera a partir de otra galaxia. Volteó de nuevo en derredor tratando de hallar, en la construcción de la cúpula, algún indicio de manufactura galáctica, pero como no poseía patrones de comparación, cerró los ojos y observó todo lo que experimentaba.

Pensamientos de coloración azul, imágenes de algo rebotando en su cerebro para después abrirse en un abanico multicolor. Lord Pimental comprendió que su interior estaba reconstruyendo los eventos de las semanas anteriores y súbitamente sintió que no era su interior, sino que algo o alguien externo intentaba comunicarse con él. Abrió los ojos esperando ver a su interlocutor, pero la cúpula seguía tan vacía como antes; volvió a cerrar los ojos y la sensación de alguien abriéndose paso al interior de su mente y observándola se hizo clara. Ahora las imágenes se adentraban en el abanico multicolor entrando en un mar azuloso. Poco a poco la estabilidad del azul cambiaba como resultado de su mezcla con los colores del abanico.

Lord Pimental supo que las imágenes eran una representación de los acontecimientos en el hipercampo galáctico en interacción con el flujo proveniente de la otra galaxia. Él había sido escogido para modular esos flujos incorporándole bandas humanas para que pudieran establecer una interacción congruente con el hipercampo humano. Se preguntó la razón de haber sido elegido y en ese instante otra imagen apareció en su interior. La observó atentamente y supo que contestaba su pregunta; había sido elegido porque su historia repetía un patrón, el mismo que estaba a punto de descubrir cuando Antuna lo interrumpió. ¡Se estaba comunicando con él en ese mismo instante! El patrón se había iniciado en su infancia cuando en la escuela lo hicieron sostener su primer cristal. La experiencia resultante fue un flujo constante de caos mental. Había soltado el cristal, pero lo obligaron a sostenerlo de nuevo y con ello volvió la sensación desagradable.

Sin cristales, su niñez era una aventura deliciosa de acontecimientos siempre nuevos y frescos; con cristales, toda esa riqueza espontánea se anulaba para ser sustituida por estados rígidos y fijos. Poco a poco fue domesticado el uso de cristales hasta que se olvidó su capacidad natural y comenzó a depender de cristales para activar estados específicos. De vez en vez y en intervalos irregulares, su mente se revelaba, pero era de nuevo sometida. Había aprendido a permanecer en un nivel de ecuanimidad que nada perturbaba, pero más para reprimir sus rebeliones que para crecer. Ese era el patrón y lo que se le presentaba era la oportunidad para retornar al estado de espontaneidad de su infancia y transmitir ese modo de ser al resto. No tuvo dudas de que alguien se estaba comunicando con su mente. Quien así lo hacía, le hizo ver que lo habían trasladado a la cúpula para fortalecerlo, pues una entrevista con el emperador no hubiera podido ser resistida por él antes de ese fortalecimiento. Le preguntaron si deseaba continuar y Lord Pimental dudó por un instante, necesitaba saber más acerca de su interlocutor y sus intenciones. Exigió verlo y recibir toda esa información. Pasaron varias horas y un sueño profundo se apoderó de Lord Pimental.

Despertó cuando un tal Mandruk Ben Yehud se identificó a sí mismo con ese nombre en el interior de su mente. Le advirtió que no permitiría ser visto por él, no por alguna razón estratégica, sino porque no existía forma perceptible de su naturaleza. Accedió, sin embargo, a contestar todas sus preguntas.

—¿Qué quieres decir con que no existe forma perceptible de tu naturaleza? —formuló mentalmente Lord Pimental.

—No poseo cuerpo denso capaz de ser percibido —le contestó mentalmente Mandruk—, he superado la forma definida al igual que todos los miembros de mi raza.

—¿Cómo es eso posible? —volvió a preguntar Lord Pimental.

—Las formas que percibes —le contestó Mandruk—, son transformaciones a partir de lo que no posee forma, al igual que los objetos o los pensamientos. Yo he superado la necesidad de efectuar esas transformaciones puesto que hace mucho descubrí que todo está entrelazado y no posee existencia propia independiente. El yo que tú crees poseer es solo un reflejo de la totalidad, una representación individualizada del ser único capaz de experimentar. Los seres sensitivos pertenecemos a una sola especie directamente conectada con el Único Uno.

Lord Pimental se sobresaltó al recordar que él mismo había empezado a percibir así, dándose cuenta de que las imágenes que experimentaba se veían a sí mismas en una imposible y paradójica visión de la realidad en la cual él como sujeto desaparecía y mantenía simultáneamente.

—Veo que comprendes lo que te digo —susurró Mandruk en el interior de su mente—, ahora tú dudas acerca de mis intenciones, que comienzan a desaparecer porque sabes que lo que represento ayudará a tu gente a salir del atolladero en el que se encuentran con sus cristales y sus deseos de mantenerse centrados en una dirección única. Esa dirección —continuó Mandruk— está dada por el egocentrismo de vuestro emperador, pero este ya ha cumplido su función y ahora solo representa un pretexto para mantener una estructura de poder.

Lord Pimental se escandalizó a pesar de que él mismo había llegado a la misma conclusión. Oírla proveniente de otro, sin embargo, era intolerable. La voz en el interior de su mente rio y la sensación de esa risa ocurriendo dentro de él, pero proveniente de otro, hizo temblar al cuerpo de Lord Pimental.

—Veo —dijo Mandruk— que necesitas más experiencias hasta que no te quede duda alguna del camino a seguir.

IX

FORTALECIENDO ESCUDOS

A cuatro mil metros de altura sobre el océano Atlántico, el emperador de la galaxia y su tutor estaban probando un nuevo cristal manufacturado en el Instituto de Investigaciones de Antrex por el doctor Wregler. Se trataba de un rubí cargado con componentes vectoriales fundamentales del hipercampo al cual se le habían sustraído las bandas sintérgicas del campo neuronal de Lord Pimental. Otros dos cristales, pero con la anulación de las bandas de Siu Manglidon y de Alexia Sonparnes, no habían podido cancelar la perturbación hipercámpica y se habían devuelto al instituto. El doctor Wregler tenía la esperanza de que el procedimiento ayudaría a fortalecer el campo neuronal del emperador, facultándolo a restablecer la direccionalidad de la conciencia colectiva. Si ello no daba resultado, por lo menos identificaría al responsable de la modulación perturbadora.

Las mentes de Situs Nonágeno Alcántico y Mindrido se fusionaron con el cristal, y la experiencia consciente del emperador y su tutor se modificaron. Por primera vez en más de sesenta días, ambos se sintieron, de nuevo, en contacto con sus centros. Era un alivio y un placer inmenso dejar de sentirse extraños para sí mismos. Ambos respiraron con satisfacción y voltearon a verse con una sonrisa en los labios. Decidieron informar a la embajadora de Cuádruplex su descubrimiento. La imagen de Antuna Pintifaya apareció en el centro de la Cámara de Meditación con una expresión grave en el rostro.

—Les agradezco su comunicación —dijo Antuna inmediatamente—, ha sucedido algo muy extraño con Lord Pimental. Mientras hablaba con él, desapareció y no hemos podido encontrarlo.

—El emperador miró de reojo a Mindrido y ambos asintieron con un ligero movimiento de cabeza.

—Él es, sin duda —susurró Mindrido, y el emperador estuvo de acuerdo. Se lo dijeron a Antuna y enseguida se comunicaron con el doctor Wregler.

—Su procedimiento funciona —le dijo el emperador—, haga las pruebas necesarias y réplicas —dijo al gobernador— para después potenciarlas y así sean accesibles al resto de los habitantes de la galaxia. Infórmele de esta resolución al doctor Wregler y pídale que comience el procedimiento de copiado, dígale que homogenice cincuenta muestras hasta igualarlas en potencia con el prototipo que nosotros hemos utilizado.

X

CALMA

Celeridad frenética se desencadenó en el Instituto de Investigaciones de Antrex y en sus filiales ante la orden del emperador.

El copiado del cristal de rubí se inició inmediatamente y cincuenta réplicas con la misma potencia fueron enviadas a todos los gobernadores de la galaxia. Millones de copias con una potencia menor se comenzaron a construir con la idea de distribuirlas a la población mayoritaria. En sitios terrestres, las copias empezaron a aparecer en los escaparates de los puestos de consumo a precios ridículamente bajos.

Investigaciones hipercámpicas mostraban un retorno absoluto a las condiciones direccionales adecuadas, por lo que el emperador y su corte volvieron a la normalidad. Mindrido convocó a los embajadores de todos los planetas y les comunicó que en breve se llevaría a cabo una gran celebración y les entregó cincuenta invitaciones selladas para los gobernadores. La fiesta se llevaría a cabo en el palacio del emperador.

XI

LA GRAN CELEBRACIÓN

Luego, el emperador en persona recibió a cada uno de los gobernadores y a sus familias y la reunión más grandiosa de la historia dio comienzo.

Bajo la cúpula inmensa, los gobernadores, sus familias, los embajadores de los planetas y toda la comitiva del emperador se aprestaron a presenciar una representación artística acerca de la historia del imperio galáctico: desde su origen en la vieja Tierra, las primeras colonizaciones de los planetas, la batalla de los generales ocurrida hacía diez mil años, el triunfo del gran Avizur Alcántico, iniciador de la gran dinastía, hasta los últimos acontecimientos que terminaban con la victoria de Situs Nonágeno Alcántico, el actual emperador en contra de Lord Pimental. Se utilizó la última palabra en la tecnología de proyección tridimensional enmarcada en una música de fondo, de un realismo fascinador, con un gran conjunto de elaboradas estimulaciones táctiles, olfatorias y aun motrices moduladas por cada uno de los espectadores. Se vivió la representación como si los hechos estuvieran actuando en realidad. Los niveles de conciencia de cada etapa eran mimetizados y cada gobernador, y el resto de la audiencia, reprodujo en sí mismo los acontecimientos. Cada quien escogió algún personaje de la historia en sus diferentes episodios y épocas sintiendo las emociones hasta en los dientes, oliendo los aromas y los procesos mentales de los protagonistas, dependiendo de sus emociones y gustos. Si estos cambiaban o alguno deseaba vivir otro personaje, lo hacía con toda libertad sin interferir con la representación.

La última victoria del emperador se dramatizó junto con elementos durante los sesenta días que duró la perturbación hipercámpica. Al finalizar la proyección neuronal, sin excepción, voltearon a ver a Situs, quien flotaba sentado en el trono imperial rodeado de túnicas doradas de triunfo y todos se unieron a él, puesto que habían vivido sus experiencias como si fueran propias. Algunas mujeres lloraban de emoción y aquellos embajadores que tenían edades cercanas a la de Mindrido y que habían experimentado su papel se sentían henchidos de orgullo por la madurez del tutor. No había sido solamente un espectáculo artístico, sino un verdadero aprendizaje, y nadie terminó la representación siendo el mismo que al inicio de la misma. Todos sabían que eran testigos de la excelencia del arte-ciencia galáctico y que esa premier estaría al alcance de todos los habitantes de la galaxia, reproducida en millones de copias excelentes que se proyectarían en los centros de artes visuales de todos los planetas. Aunque la proyección duraba solo algunas horas, el recorrido representaba un viaje a través de casi cincuenta mil años de historia, por lo que todos se retiraron a descansar a sus aposentos, en los cuales elaborarían sus experiencias y aprendizajes y se prepararían para la cena que se serviría en el salón de los gobernadores.

El salón de los gobernadores se había construido especialmente para ocasiones como estas. Su tamaño era el adecuado para atender a cincuenta delegaciones, las cuales se acomodaban en sendas mesas alrededor de una central para el emperador y sus acompañantes. Mientras se cenaba, una música de fondo, con selecciones de los cincuenta planetas, amenizaba la ocasión: se servían, de un número igual, exquisitos platillos escogidos de entre las recetas culinarias más exóticas de los planetas y se mostraban proyecciones holográficas de los paisajes magníficos de todos los rincones de la galaxia. Los grupos folklóricos de las diferentes regiones bailaban alrededor de los comensales, pero el espectáculo más brillante era el de las vestimentas de los gobernadores, sus esposas y embajadores. Se mezclaban túnicas de tejido, superconductor de colores fosforescentes del planeta Ilises, con largos vestidos de plumas de aves exóticas del planeta Urya. Las mujeres de Elyon, completamente rapadas, contrastaban con las largas cabelleras de las doncellas de Xan, de cuerpos exquisitos que dejaban ver a través de vestimentas totalmente transparentes.

Como en la más remota antigüedad, el emperador poseía un zoológico privado que se enriquecía con ejemplares traídos de todos los planetas. Era común que después de cada cena, como aquella, cada comitiva presentara al emperador los animales que pasarían a formar parte de su colección. Así, bestias de largas trompas y antenas multicolores de Balgantor junto con animales voladores de cinco cabezas del planeta Constua y los famosos colosos salvajes de Cuádruplex posaban en largas filas, en plataformas especiales que flotaban a través del salón para que todos pudiesen admirarlos. Como un gesto especial, la hija de Manintrako Pintifaya, el gobernador de Cuádruplex, regaló una mascota de raza pulfa a la hija del emperador. Se trataba de un animal pequeño y afelpado de facciones casi humanas y ojos gigantescos, famoso en toda la galaxia por su inteligencia y fidelidad.

Cada cinco años era costumbre de todos los gobernadores y del emperador reunirse en un congreso galáctico para discutir las políticas del imperio y analizar los problemas de las comunidades. Aunque no era la fecha señalada, se había decidido efectuar el congreso a partir del día siguiente, aprovechando la presencia de los más altos dignatarios galácticos y para plantear con ellos futuras estrategias en caso de que volviera a ocurrir una perturbación en el hipercampo.

Todos sabían que Lord Pimental había desaparecido y no se le había podido localizar. Los flujos provenientes de la otra galaxia se habían interrumpido simultáneamente con la desaparición de Lord Pimental, pero nadie podía asegurar que el peligro se había eliminado y que no volvería a aparecer.

A la mañana siguiente se inició el congreso. Se había invitado al doctor Wregler, quien dictaría una conferencia magistral después de la ceremonia inaugural en la que el emperador hablaría, seguido por Mindrido.

XII

TOMANDO FUERZA

Lord Pimental había sido trasladado a una construcción más cómoda situada en una playa arenosa frente al mar. No podía reconocer el lugar y, ante repetidas preguntas de su parte, sus captores le habían informado que se trataba de un planeta similar a Cuádruplex, pero situado en otra galaxia. Fuera de él mismo, no había visto a nadie y la voz dentro de su mente seguía comunicándose en un monólogo solo interrumpido cuando dormía o comía. Lo habían instado a permanecer largos periodos de tiempo en meditación profunda mostrándole todo tipo de visiones y enseñanzas acerca de la naturaleza y la realidad. No existían cristales y poco a poco su costumbre de usarlos se había sustituido por una serie de descubrimientos internos que lo tenían permanentemente asombrado.

Una especie de plataforma luminosa abstracta se había establecido en su interior y oleadas de autoconocimiento lo invadían constantemente matizadas por una emoción de gran optimismo y amor. Él, que había optado por la ecuanimidad total, ahora se veía invadido por tormentas emocionales que lo mantenían en un estado similar al éxtasis. Al principio se había revelado en contra de esas emociones, pero ahora reconocía en ellas el contacto con algo que estaba situado en el origen de la realidad y hacía todo lo posible por profundizar y engrandecer la experiencia y el conocimiento asociado con ella. Existía algo que no poseía límites y que siempre era novedoso, aunque simultáneamente igual. Por las descripciones acerca del estado del emperador de la galaxia, Lord Pimental reconoció que algo similar experimentaba el monarca, pero limitado por toda una estructura y activado mediante cristales, no espontáneo y libre de dependencias tal y como él lo experimentaba. Sus captores dejaron de serlo cuando se dio cuenta de que lo conducían, poco a poco, a un estado de sobriedad inigualable lleno de luz y calidez. Mandruk le insistía que ni él ni los seres de su especie deseaban gobernar la galaxia o sustituir la dinastía del emperador por otra. En realidad, no tenían intereses personales o de poder puesto que habían trascendido ambas instancias. Lo que sucedía era neutral y guiado por un poder abstracto.

—¿Es Dios quien ha decidido esto? —preguntó en una ocasión Lord Pimental, pero Mandruk no contestó a su pregunta.

—Lo sabrás —le dijo— en el momento oportuno, la identidad no posee límites y ahora está logrando sentir tu propio molde, el cual es autoluminoso, pero no es el límite puesto que este no existe. El emperador de tu galaxia, sin realmente desearlo, representa un límite y eso no es justo. Tu especie debe sobrepasar ese límite y el poder ha decidido que el tiempo es oportuno para hacerlo. Todo el desarrollo de tu especie, estimulado por el uso de cristales, ha preparado el momento y no habrá otro. Si no se atraviesa el umbral, la alternativa será la decadencia para la raza humana, la esclavitud en un círculo infinito sin salida. Estamos aquí para evitarlo y tú has sido escogido para dar el primer salto e impulsar para que el resto… Nosotros —continuó Mandruk— ya no tenemos necesidad de cuerpos o de ayudas materiales, hemos trascendido todo límite y vivimos libertad total, eso mismo es lo que deseamos para la especie humana.

Lord Pimental comenzó a tener atisbos de esa libertad a la que hacía referencia Mandruk, era la única alternativa y pronto su único deseo sería lograrla a como diera lugar. Mandruk estaba satisfecho del avance logrado por Lord Pimental, pero lo consideraba insuficiente.

—Todavía no estás preparado —le dijo—, pero el momento se acerca cada vez más.

Dos horas después de ese intercambio, Lord Pimental se hallaba dormido cuando súbitamente fue alertado por Mandruk.

Lo escuchó con atención mientras Mandruk le explicaba que se había presentado una oportunidad única para acelerar el proceso. Se trataba del congreso galáctico que reunía a todos los gobernadores de los planetas con la corte del emperador en pleno.

—Hemos decidido —le dijo— que nuestros flujos estimulen el hipercampo humano sin tu modulación. Los efectos serán tan perturbadores que los gobernadores demandarán tu intervención en lugar de rechazarla. Incluso el emperador te agradecerá por ello. Lo único que esperamos es tu autorización para proceder.

—Pero no estoy completamente listo —le reclamó Lord Pimental—, tú mismo lo dijiste.

—Así es —asintió Mandruk.

Por el momento, Lord Pimental pidió unos minutos para considerarlo y después accedió.

XIII

DIRECCIONALIDAD DE LOS FLUJOS

La fama del doctor Wregler se había extendido por todos los planetas como un cometa y los jóvenes deseaban emular sus hazañas científicas. Entre los gobernadores era respetado y la proyección que habían vivido había estimulado en ellos una admiración que se manifestó en una espontánea ovación cuando apareció en el pódium del congreso galáctico. El doctor Wregler agradeció las manifestaciones de afecto y durante su conferencia fue mostrando, paso a paso, todos los registros hipercámpicos obtenidos durante la crisis y la nueva tecnología que había creado el cristal de rubí. Por último, hizo proyectar una imagen inmensa del estado actual del hipercampo con todos los flujos direccionales restablecidos. Anunció que un nuevo proyecto de investigación se había iniciado en su instituto con el fin de localizar el origen exacto de la perturbación en la galaxia situada a tres mil quinientos millones de años luz de la Vía Láctea.

—De hecho —siguió diciendo—, ya hemos obtenido los primeros resultados del análisis cuyas primicias les mostraré enseguida.

A la mitad del salón de congresos, apareció una imagen tridimensional de la Vía Láctea con una superposición del hipercampo y junto a ella las primeras imágenes de la galaxia lejana con una representación de los flujos perturbadores que habían surgido de ella, pero que a partir de la desaparición de Lord Pimental se habían esfumado. La imagen era en tiempo real y se hallaba libre de interferencias y flujos perturbadores. Mindrido, a la derecha del emperador, observaba con atención la proyección cuando, sin poder evitarlo, lanzó un gemido. El emperador se sobresaltó y estaba a punto de interrogarlo cuando empezó a sentirse extraño, volteó en dirección de la proyección y vio surgir de las entrañas de la galaxia lejana un flujo multicolor que se acercaba a la Vía Láctea. Era tan claro que ninguno de los gobernadores dejó de notarlo. El doctor Wregler se paralizó en su lugar cuando el flujo penetró en la Vía Láctea y empezó a crear remolinos hipercámpicos en toda su extensión. Algunos gobernadores se taparon las orejas en un movimiento instintivo, que deseaba anular lo que todos comenzaron a experimentar; se volvían intolerables.

El emperador cerró los ojos y se concentró en su entrecejo mientras repetía mentalmente una misma frase una y otra vez. Era un procedimiento que su padre le había enseñado para ser utilizado en casos de máxima emergencia. Seguidamente, desabrochó un collar que siempre llevaba consigo y tomó entre sus manos el diamante de Azur que le habían heredado sus antepasados. Se fusionó con el diamante y estableció un circuito energético entre su cuerpo y el cristal haciendo circular la energía, ayudándose de la respiración.

Intentaba anular las perturbaciones caóticas y Mindrido se dio cuenta de que estas estaban perdiendo fuerza, a juzgar por sus propias sensaciones y las imágenes de la proyección holográfica en tiempo real. El doctor Wregler salió de su estupor y los gobernadores guardaron silencio atestiguando los esfuerzos que hacía el monarca para restablecer el orden hipercámpico. Los flujos de la galaxia lejana seguían surgiendo de ella, pero una especie de membrana sutil rodeando toda la Vía Láctea los empezó a reflejar impidiendo su entrada. La angustia y la tensión disminuyeron hasta casi cancelarse. El emperador estaba expandiendo el circuito que había creado y todos se admiraron de su poder. Aun Mindrido lo miraba asombrado por la técnica que utilizaba, comprendiendo que era un secreto de la dinastía de los emperadores.

El emperador se relajó un instante y la proyección mostró un resquebrajamiento de la membrana y una invasión de una banda perturbadora que hizo que el monarca redoblara sus esfuerzos. Nadie osaba hablar y todos se empezaron a preguntar cuánto tiempo podría soportar Situs Nonágeno Alcántico el esfuerzo sobrehumano que claramente hacía. En ese momento, los flujos provenientes del interior de la galaxia lejana desaparecieron y el emperador abrió los ojos, mientras una emoción triunfante recorrió los cuerpos de los gobernadores y se manifestó en una ovación arrolladora.

Lord Pimental, con la ayuda de Mandruk, fue testigo de lo que ocurrió en el congreso galáctico. De hecho, fue él quien pidió a Mandruk suspender el flujo hipercámpico perturbador cuando se dio cuenta del sufrimiento que le estaba provocando al emperador. Había tal sentido de compasión en la petición, que Mandruk canceló el flujo impresionado por la intensidad de los sentimientos de Lord Pimental. Más tarde, ambos dialogaron en el interior de la mente de este último.

—¿Te das cuenta —le preguntó Mandruk— de lo que me has orillado a hacer?

—¿Te das cuenta tú —replicó Lord Pimental molesto— del sufrimiento que estabas causando?

Ambos rieron y Mandruk apreció la calidad humana que se había despertado en Lord Pimental.

—Veo —le dijo— que he subestimado tu calidad y te doy mis disculpas. De ahora en adelante la estrategia será elaborada con tu participación si tú no objetas.

—Por supuesto que lo apruebo —le contestó Lord Pimental con optimismo—, tú posees un poder sobrehumano, pero pareces no ser muy sensible a ciertas emociones.

—¡Me gusta, me gusta mucho lo que escucho! —exclamó regocijado Mandruk—. ¿Qué es lo que propones?

—Una inmediata entrevista con el emperador —dijo con seguridad Lord Pimental—, le explicaré lo que está sucediendo y le sugeriré que coopere con la transformación. Tengo a mi favor el que hace unos minutos sintió la magnitud de tu poder y además tu compromiso de que no será destronado.

—De acuerdo —contestó Mandruk—, pero la entrevista será a través del hipercampo aunque no en persona, no quiero arriesgar tu integridad, puesto que pareces haber olvidado que tú eres considerado el sujeto más peligroso de la galaxia y el enemigo por vencer.

A petición de Lord Pimental, la entrevista debía prepararse respetando las costumbres del imperio galáctico.

—Eso implica primero establecer contacto con Mindrido, para que este le informe al emperador y fijarán el tiempo y lugar de la audiencia.

Mandruk objetó el último punto, la entrevista debía realizarse de inmediato.

—Me extrañan tus contradicciones —le dijo a Lord Pimental—, acabas de decir que el momento oportuno es ahora mismo y ahora te retractas.

XIV

CAMBIO DE RUTA

Mindrido acompañaba al emperador a sus aposentos cuando sintió el llamado. El poder de quien lo enviaba era inmenso, a juzgar por su intensa premura intolerable. Ambos dignatarios aceleraron el paso mientras Mindrido, dentro de su mente, pedía unos minutos antes de contestar. En su aposento, el emperador se sentó agotado mientras su tutor le comunicaba la petición de audiencia por parte de Lord Pimental. El emperador fijó la entrevista para el día siguiente, pero Mindrido negó con la cabeza —dicen que en ese instante—.

Situs Nonágeno Alcántico respiró profundamente y accedió. La imagen holográfica de Lord Pimental apareció flotando en el centro del aposento y saludó al emperador y su tutor, quienes respondieron con enojo.

—¿Qué es lo que usted pretende? —rugió el monarca, dirigiéndose a la imagen—, ¿y por qué no se presenta en persona?

Lord Pimental titubeó y agradeció para sus adentros la idea de Mandruk al insistir en una entrevista hiperespacial. Seguidamente, se aclaró la garganta y relató los acontecimientos de los que fue víctima desde el inicio de la perturbación hipercámpica.

—Yo no sabía nada de lo que ocurría a nivel global —dijo como disculpándose—, solo sufría esos ataques motores seguidos de los escalofríos y las magníficas imágenes y conocimientos que les sucedían. Poco a poco entendí que no era una enfermedad, sino una enseñanza transmitida desde muy lejos.

Lord Pimental siguió con su explicación relatando sus cambios de conciencia y las certezas que estos le habían proporcionado. Al finalizar, describió la cúpula dorada a la que había sido trasladado después de la frustrada entrevista con Antuna y los integrantes del congreso galáctico. Le hizo entender al emperador que la suspensión del flujo perturbador había sido una responsabilidad suya y no una victoria imperial y, por último, pidió la colaboración del monarca para facilitar la transformación decidida por un poder inimaginable. Le aseguró que nadie atentaría en contra de la dinastía, pero que debían realizarse cambios sustanciales en el uso de cristales, en la educación de la juventud y, sobre todo, en la dirección de los flujos hipercámpicos.

El emperador escuchó pacientemente y pidió setenta y dos horas para considerar una respuesta. Una vez desconectada la trasmisión, el emperador miró directamente a los ojos de Mindrido y le dijo que nunca accedería a un cambio direccional.

—Eso sería tanto como claudicar a todo en lo que creo y han sostenido mis antepasados durante diez mil años.

Mindrido bajó la cabeza y pidió permiso para retirarse.

Mindrido meditaba en las palabras de Lord Pimental mientras se dedicaba a revisar los Archivos Galácticos. Al igual que la dinastía de emperadores, existía un linaje de tutores que se originaba desde la más remota antigüedad. Los archivos mencionaban a un tal Merlín como fundador del linaje y hablaban de él como un mago extraordinario que se dedicaba a asesorar a un antiguo monarca de la vieja Tierra. Pero Mindrido no revisaba los archivos con el fin de enriquecer su conocimiento histórico, sino para saber si existían registros de crisis galácticas similares a la actual y para hallar en ellas las formas que se habían utilizado para resolverlas. En particular, le interesaba conocer las estrategias usadas por sus antecesores tutoriales. Sabía, como todo el mundo, que el diamante de Azur había sido preparado por Nicandor IV, quien por ello se volvió el primer tutor de la actual dinastía, pero la hechura del diamante y su utilización sirvió para enfrentar al gran Avizur Alcántico con enemigos humanos y ese no era el caso de la presenta contienda. Mindrido encontró un dato interesante en el año 39004. Era la primera época de la primera fundación de institutos en los planetas. Uno de ellos se había construido, precisamente, para investigar la posible existencia de vida extragaláctica. Los archivos mencionaban unos registros y daban la referencia de los mismos. En ellos se habían resguardado los resultados de la investigación. Mindrido pidió la localización de los registros y, tras varios minutos, la computadora le mostró la única copia existente guardada en el Museo Galáctico. El tutor se dirigió a las instalaciones del museo y pidió una reproducción de la copia. Se sentó a leerla y se encontró con protocolos describiendo señales extragalácticas inteligentes provenientes, precisamente, de la galaxia de la cual surgió el flujo hipercámpico perturbador. Los registros mostraban que había sido posible decodificar los mensajes y que después de varios años de intentos fallidos del Instituto de Comunicaciones Extragalácticas se había cerrado. Su director, el doctor Palmer Cuádruplex (Mindrido se sobresaltó al leer el apellido), había muerto en circunstancias extrañas unos días después de haberse cancelado las actividades del instituto. Mindrido quiso saber más acerca del doctor Palmer y se dirigió al archivo de la población en otra sección del Museo Galáctico. Leyó allí la biografía del exdirector del Instituto de Comunicaciones Extragalácticas. Nada resultaba extraordinario en ella, excepto la descripción de los meses que el doctor Palmer pasó en un hospital curándose de unos súbitos ataques motores similares a los que mencionaba Lord Pimental. Mindrido reflexionó unos instantes y decidió pedirle ayuda al doctor Wregler, se comunicó con él y le explicó los resultados de su indagación mostrándole los mensajes extragalácticos que el doctor Palmer no había logrado decodificar. El doctor Wregler alimentó su computadora con los extraños códigos y le ordenó compararlos con los patrones de los flujos hipercámpicos perturbadores. La secuencia de ambos podría describirse con un mismo atractor, este, a su vez, fue sometido a una descomposición algorítmica y las fórmulas matemáticas resultantes transformadas a lenguaje coloquial. La traducción que apareció en las pantallas dejó atónitos a ambos, decía: "¡Escucha, oh, Israel! Dios es nuestro Dios, Dios es Uno".

SEGUNDA PARTE

I

PURIFICACIÓN

Mil quinientos años antes de la era común, el sumo sacerdote, descendiente directo de Aarón, se detuvo a unos pasos del tabernáculo. De su cuello pendía el emblema de las doce tribus. Era un rectángulo de oro con doce cristales incrustados en su superficie. Cada cristal representaba una tribu y se iluminaba cada vez que Dios enviaba un mensaje. Entonces, el sumo sacerdote debía entrar al tabernáculo para recibirlo. Durante tres días se purificaba en cuerpo y mente porque si no lo hacía moriría.

Se introdujo en Hekhal y empezó a sentir que su cuerpo vibraba. Frente a él, y solo separándole del Devir, había una cortina. Sabía que al introducirse en Devir empezarían los espasmos musculares y luego las oleadas ascendentes de frío y calor. Acercó su mano a la cortina y pensó en Aarón y su hermano Moisés, cuya fortaleza inigualable le había permitido hablar directamente con Dios. Por fin atravesó la cortina y se quedó mirando el arco de oro y los querubines. En medio flotaba una diminuta nube, el mensaje estaba allí y todo lo que tenía que hacer para recibirlo era introducir la cabeza en la nube. Se acercó revisando su vida. Si había algún pecado, una falta, cualquier trasgresión, la energía que recibiría lo fulminaría al instante. Para soportarla debía estar totalmente vacío, sin ego, en ausencia de juicios, puro como un diamante transparente. Su cabello rozó la nube y una súbita convulsión lo atacó. La dejó pasar y se introdujeron, totalmente, los escalofríos y el ascenso del calor. Lo vio aproximarse a su cabeza subiendo por su columna y supo que no moriría. Una visión extraordinaria apareció en el interior de su mente. En un cielo estrellado rodeándolo en todas las direcciones, caminos de luz de todos los colores entraron a su cuerpo y todo lo conocido desapareció. Se sintió flotando en medio del espacio sin cuerpo y supo lo que quería decir el mensaje.

II

LOS ELEGIDOS

Fuera del tabernáculo, los sacerdotes escucharon los gritos y se miraron unos a otros sacudiendo la cabeza. Los más jóvenes intentaron hablar, pero fueron acallados por los mayores mediante gestos energéticos. Tenían que esperar en silencio y si el sumo sacerdote moría, debían enterrarlo rápidamente y sin ceremonia. Cuando el sol se ocultó, el más anciano se aproximó al tabernáculo y al oír la respiración agitada del sumo sacerdote salió para informar a sus compañeros que estaba vivo. Entre todos lo acompañaron a su tienda, lo ayudaron a recostarse y salieron a la noche del desierto, fría y llena de estrellas. Encendieron una fogata, y mientras observaban las llamas escucharon a un narrador relatar la historia de su pueblo. Habían sido elegidos entre todas las tribus para ejercer el sacerdocio y cuidar el tabernáculo. El pueblo no tenía templo para guardar la Menoráh, el arca de la alianza y las tablas de Moisés y, por ello, en cada descanso de su larga caminata ellos debían construir la gran tienda y colocar todos los aditamentos para mantener un lugar libre de interferencias en el cual Dios pudiese comunicar sus mensajes. Los más ancianos habían conocido a Moisés y Aarón y hablaban de ellos en todas esas noches junto a las fogatas. Al día siguiente, el sumo sacerdote les comunicaría el mensaje y así sabrían si continuar y cuál dirección seguir. Doce estrellas fugaces se confundieron con las chispas que estallaban en la fogata mientras la noche se hacía cada vez más oscura.

III

ANTES DE PARTIR

A la mañana siguiente, el sumo sacerdote ordenó un sacrificio mientras sus colegas prendían incienso y barrían la tienda en el patio interior. Después se reunieron para oír el mensaje.

—Aquí nos quedaremos —les comunicó con emoción— y aquí oraremos porque el tiempo se acerca para "el gran viaje". Nos debemos preparar mejor que nunca y solo los más puros serán elegidos, estamos ya en la tierra prometida.

El mensaje fue comunicado al resto de las tribus. Mujeres y niños armaron las tiendas y buscaron pastos para los rebaños, mientras los hombres y los ancianos se reunían en asambleas para elegir cuidadores, organizar cuadrillas de abastecimientos y cacerías. Todos hablaban del último mensaje y su significado, los ancianos recordaban la súbita desaparición de Moisés después de un mensaje similar y conjeturaban acerca de quién seguiría el mismo camino que él. Moisés no había muerto, decían, sino que se había esfumado sin dejar huella alguna. Ni siquiera se habían podido hallar sus sandalias o su túnica. Dios lo había atraído hacia Él y ahora moraba en esos cielos repletos de estrellas, en otros mundos en donde no se necesitaba ni alimentación ni vestimentas, en donde todo era divino y desde donde se decidía el destino del universo y sus habitantes.

¿Quiénes serán los elegidos para unirse a las huestes del Señor? ¿Y de qué dependerá la elección? Eran preguntas que flotaban entre las tiendas caldeadas por el sol del desierto.

IV

AVISTAMIENTO EXTRAÑO

Mandruk Ben Yehud, un joven de la tribu de Benjamín, no estaba tan interesado en los mensajes que recibía del sumo sacerdote como en atrapar una gacela a la que seguía por el desierto. La había perdido de vista desde hacía cinco horas y solo se guiaba por sus huellas. Estas eran inconfundibles tanto en sus formas como en sus trayectorias y patrones. "Seguramente, la gacela se siente perseguida —pensó Mandruk—, pues de otro modo no oscilaría en esta forma. Está cansada y al mismo tiempo intenta perderme, a juzgar por sus vueltas, pero no me perderé y seré más fuerte que ella".

Fornido y de gran estatura, Mandruk Ben Yehud se cubría con una piel de pantera que él mismo había cazado y llevaba en su mano izquierda un gran arco y flechas en un carcaj en su espalda. Tenía una barba crecida como la mayoría de los hombres de su tribu y una larga cabellera negra con resplandores rojizos. Sus ojos oscuros y brillantes, acostumbrados a notar los mínimos movimientos de sus presas, astutos vigilaban cada instante, concentrados en el presente sin un segundo de distracción. Su nariz semita y sus labios gruesos le daban la apariencia de un ser temible, pero al mismo tiempo suave y amable. Sus pies estaban tan acostumbrados a las candentes arenas que solo los protegía con unas sandalias.

Algo a la derecha de su campo de visión llamó la atención de Mandruk, era un resplandor dorado intermitente, quizás un zarzal en llamas o una roca brillante reflejando el sol. Las huellas de la gacela apuntaban en la misma dirección que el objeto brillante. Al acercarse, Mandruk comprobó que no era roca plana ni un fuego lo que resplandecía, sino una esfera gigantesca hecha de cristal. Nunca había visto algo tan perfecto y bello en toda su vida y no le cupo la menor duda de que alguien la había manufacturado. Nada en la naturaleza se le parecía y además no reflejaba luz solar, sino que brillaba desde dentro como alumbrada por una hoguera interna. Mandruk se olvidó de la gacela y se acercó cautelosamente a la esfera. A unos metros de distancia sintió que alguien lo observaba e instintivamente miró hacia el cielo. No se veía a nadie fuera del azul intenso y una nube blanquecina flotando pausadamente. Volvió a ver a la esfera y para su sorpresa esta había desaparecido. Mandruk se frotó los ojos como para cerciorarse del súbito desvanecimiento de la esfera y al volverlos a abrir comprobó que esta ya no estaba allí.

V

LA SELECCIÓN

El cristal de la tribu de Benjamín resplandeció en el pecho del sumo sacerdote. Nunca había recibido dos mensajes en tan breve intervalo y ello le hizo pensar que el momento estaba próximo. Se encerró durante tres días y tres noches en su tienda y no vio a nadie ni habló con persona alguna. Debió volver a purificar su mente y para lograrlo hizo un recuento de todas sus acciones y pidió perdón por sus fallas. Debía purificar su cuerpo y para hacerlo ayunó tres días. Se presentó al tabernáculo y al introducir su cabeza en la diminuta nube que flotaba entre los querubines volvió a sufrir una serie de movimientos convulsivos; gritó y sintió las oleadas de frío y calor ascendiendo por su columna hasta su cabeza. Pero en esta ocasión no vio imágenes, sino más bien oyó una voz que pronunciaba un nombre: "Mandruk Ben Yehud", y le señaló lo que debía hacer con él. Salió del tabernáculo con los ojos brillantes y el cabello erizado y pronunció el nombre del primer elegido.

Los sacerdotes se dirigieron al territorio en el que acampaba la tribu de Benjamín y vocearon el nombre. Un gran regocijo se apoderó de todos, puesto que su tribu era la primera en ser vigilada. Buscaron a Mandruk y al no encontrarlo designaron a los corredores más veloces para que recorrieran el desierto. Diez horas más tarde lo encontraron y Mandruk les relató lo que había visto. Lo llevaron con el sumo sacerdote y este lo ungió y sacrificó un becerro en su nombre. Después se encerró con él durante una semana y le dio instrucciones precisas de lo que tenía que hacer y cómo.

VI

HANIA BAT JOSEF

Hania Bat Josef lavaba ropa cuando sintió un estremecimiento en todo su cuerpo. Era una doncella apuesta y de facciones bellísimas, sus ojos almendrados color olivo estaban enmarcados por una ceja curvada que le daban una apariencia felina. Pertenecía a la familia de Dan y no había conocido a hombre alguno, a pesar de que todos la deseaban. Su cuerpo danzaba al caminar con una cadencia deliciosa, sus pies perfectos y delgados parecían haber sido esculpidos en mármol y sus manos con dedos largos y ágiles denotaban un espíritu inquieto y sensible. Vivía con su madre en una pequeña tienda y cuidaba un rebaño de cabras. Cuando llevaba a sus animales a pastar, cantaba con una voz dulce y melodiosa canciones que ella misma componía.

En las noches le gustaba observar las estrellas, las que le hablaban de otros mundos llenos de paisajes extraños y apariciones mágicas. Poseía la habilidad de conservar su conciencia viril durante los sueños y construía mundos en sus ensoñaciones nocturnas.

Había aprendido a dominar su cuerpo de ensueño y volaba con él recorriendo el desierto y el cielo estrellado.

Una noche se soñó montada en un camello de cristal que levantó el vuelo y la condujo a un valle lleno de vegetación y de ríos cristalinos que reptaban entre laderas y barrancas. A lo lejos, vio un resplandor y se dirigió a él. Se encontró con una pirámide de color violeta de aristas transparentes. En una de sus caras había una puerta que atravesó sola mientras su camello al lado la esperaba afuera. Dentro de la pirámide se sintió observada, pero no había nadie allí. Su corazón palpitó lleno de una emoción intensa y dulce, en tanto un pájaro de diamante descendía suavemente hacia

ella y se posó en su hombro derecho mientras cantaba una melodía increíble. Se despertó sonrojada y abrazó el cuerpo de su madre que yacía junto a ella. Le contó su sueño y su madre supo que
había sido elegida.

VII

EL SEGUNDO

El sumo sacerdote meditaba en el patio interior cuando sintió un activador de su poder. Volteó a ver su pecho y vio el cristal de la tribu de Dan encendido con una luz violeta. Desde la elección de Mandruk Ben Yehud, el cristal de la tribu de Benjamín no se había apagado y con el encendido de Dan eran ya dos cristales que resplandecían. Supo que la elección de la tribu de Dan había recaído en una mujer: Hania Bat Josef. La mandó llamar y mientras la esperaba siguió meditando. Se había despertado antes de la salida del sol agitado por un presentimiento extraño y, por ello, había decidido dedicarse a meditar y orar en el patio interior. Deseaba, con toda su alma, estar cerca de Dios porque cualquier otra condición ya no lo satisfacía. Había habitado una tierra extraña que no le pertenecía, siempre peregrinando en busca de su verdadero hogar, añorando llegar a él sin saber qué hacer para lograrlo, excepto introducirse en la diminuta nube en el interior de la cámara más sagrada de lo más sagrado: el Devir. Con nadie de las doce tribus podía compartir experiencias, solo ofrecerles el producto acabado y previamente elaborado por sí mismo. Envidiaba a los que eran elegidos para "el gran viaje", pues ellos vivirían para toda la eternidad al lado de Adonai, unidos en la unidad perfecta y total con Él. Mientras que él tendría que quedarse para guiar a las tribus y, posiblemente, al final de su vida, ver cara a cara al más amado, al Supremo entre los supremos.

El sumo sacerdote trató de apartar esos pensamientos de su mente, no eran dignos, y si ingresaba a la nube con el menor vestigio de los mismos, caería fulminado como por un rayo mortal, muriendo al instante. Tenía tres días para purificarse y dejar a un lado las envidias, el malestar y la soledad que lo atormentaban hasta las entrañas. Cerró los ojos y vio la luz de su mente brillando, azulada en un espacio interior sin referencias direccionales. Dos luces brillaban en ese espacio como si fueran estrellas: la primera, dorada; y la segunda, violeta. De pronto, otras luces comenzaron a parpadear: primero levemente y luego en forma constante, alcanzó a contar once de ellas, cada una con una coloración diferente. Abrió los ojos y miró su pecho, once cristales resplandecían. Supo que solamente faltaba un elegido de la tribu de Judah.

Durante los tres días y tres noches de purificación, el sumo sacerdote logró adentrarse a su dolor y lo atravesó limpiamente. Ningún pensamiento impuro existía en su mente y así traspasó nuevamente el Devir, sintiendo las oleadas de frío y calor y los espasmos musculares. Al introducir su cabeza en la nube, una imagen de un cielo azul lo envolvió. Once luminarias de distintos colores alumbraban el cielo y el sumo sacerdote confirmó que representaban dos diferentes estados de conciencia, cada uno personalizado en los elegidos. Buscó los nombres y estos aparecieron debajo de cada estrella. Indagó sobre el décimo segundo y alcanzó a ver una débil estrella muy lejana. Supo que nadie, entre los habitantes de la tribu de Judah, estaba preparado y conoció que su misión era elegir a alguien y enseñarle. Salió del tabernáculo y convocó al consejo de ancianos de las tribus para comunicarles los nombres que había recibido.

VIII

RECOLECTANDO

Isaac Ben Aaron, de la tribu de Asher, terminó de recolectar la arena del desierto depositándola en una bolsa de piel de cabra. Después se dirigió a su tienda y esparció los granos sobre una red de minúsculos orificios sacudiéndola repetidas veces. Intentaba obtener una muestra de los más pequeños gránulos para poder compararlos entre sí. Repitió la misma operación varias veces utilizando redes cada vez más apretadas hasta que la última, de una hechura de seda, no dejó pasar más que cinco casi microscópicas piedrecillas. Ayudándose de una dentadura de burro miró sus muestras a través de dos molares. Así amplificó su visión. De acuerdo con su razonamiento, debía existir una unidad fundamental de la materia sin individualidad reconocible. Observó con atención, pero decepcionado se dio cuenta de que aún podía distinguir diferencias entre una y otra piedrecilla, por lo tanto, o no existía una base última a partir de la cual todo se formaba o su método era demasiado burdo.

Isaac Ben Aarón no podía dejar de pensar. Desde que alcanzaba a recordar, siempre lo había hecho, puesto que para él no había otra forma de vivir. Su problema era lograr mayor amplificación y no sabía qué utilizar para obtenerla. De pronto, recordó al sumo sacerdote y los cristales que llevaba consigo pendidos de su pecho, quizás uno de ellos podía serle de utilidad. Obviamente, no podía pedírselos, pero a Baí, una mujer que usaba cristales para adornar su figura, sí. Salió de su tienda y fue a buscarla al mercado, la encontró atendiendo su puesto de dátiles y la convenció de venderle uno de esos cristales. Regresó a su tienda y machacó la muestra de piedrecillas hasta dejarlas convertidas en polvo. Se mojó el dedo pulgar con la lengua y posó su mano sobre el polvo, pudo así recoger una muestra que quedó adherida a su dedo. Acercó el pulgar a su ojo derecho y vio a través de él el polvo.

Tuvo que acostumbrarse a las distorsiones hasta que lo logró. Movió el cristal hasta reconocer una pequeña área transparente y el polvo se convirtió en un conjunto de rocas enorme ante su vista, cada una diferente a las otras. Desesperado, trató de dirigir su mente a otro tema y de pronto oyó una voz que mencionaba su nombre, volteó en dirección a la entrada de su tienda y reconoció a uno de los sacerdotes que le pedía salir, este le dijo que el sumo sacerdote deseaba hablar con él.

IX

INFILTRADA

Isa Bat Yaacob, de la tribu de Naphtalí, era famosa entre los miembros de su tribu por dos razones. La primera, por el color de sus ojos de un verde transparente, cuando veía a alguien parecía que lo estuviese haciendo desde dos lagos iluminados por el sol; y la segunda, por su espíritu compasivo, le era imposible soportar ver a alguien sufriendo ya fuera por un animal o un humano. Se pasaba el día recorriendo el desierto en busca de alguien que pudiera socorrer. En su tienda había construido pequeños camastros en los cuales acostaba desde pequeños lagartos enfermos y escorpiones deshidratados hasta uno que otro bebé abandonado.

Algunos decían que su afición por el sufrimiento era un síntoma de una enfermedad mental, pero otros estaban convencidos de que su compasión era genuina y le ayudaban a cuidar a sus animales y a los bebés.

Aquella tarde, Isa se había atrevido a caminar más lejos que de costumbre, internándose en un territorio que no estaba resguardado por los guardianes de su tribu. Lo hacía porque había escuchado un débil gemido proveniente del fondo de una barranca de paredes de granito. Al acercarse al borde de la barranca, detuvo el aliento y puso mayor atención a los sonidos. Alcanzó a oír una respiración breve que provenía detrás de una roca localizada al fondo de la barranca. Sin embargo, comenzó a descender y al acercarse a la roca sufrió un sobresalto, la respiración venía del cuerpo de un puma herido recostado en la tierra, se acercó con cuidado a la bestia y esta alcanzó a olfatearla levantando su cabeza. Era totalmente negra y sus ojos verdes brillantes, parecidos a los de Isa, se encontraron con la mirada húmeda de esta. Ambos seres se miraron fijamente sin osar moverse, la vista del felino atravesó todas las capas mentales de Isa, sumergiéndola en un laberinto emocional de una intensidad tan enorme que la mujer perdió el conocimiento.

Despertó en su tienda atendida por uno de sus ayudantes que había ido en su búsqueda por órdenes del sumo sacerdote.

X

EXPANDIENDO LA CONCIENCIA

Daniel Ben Abraham, de la tribu de Issachar, observaba atentamente a las estrellas tratando de averiguar cuál de ellas pulsaba el mismo ritmo que sus sentimientos. Debía existir alguna porque no podía ser que lo que Daniel sentía fuera originado de su propio ser.

Desde hacía años nadaba en un océano pastoso lleno de corrientes emocionales que todo llenaba. En ocasiones, un flujo lo atrapaba y más temprano o más tarde conocía al responsable; casi siempre era una mujer o un hombre, poderosos y dominantes. No podía escaparse de las corrientes y llevaba meses intentando averiguar el origen de lo que experimentaba. Era tan sólido y frecuente, que parecía estar en la base de todo lo conocido. Por ello, indagaba en el cielo tratando de averiguar su procedencia. Después de muchos intentos, su atención se enfocó en un cúmulo que parecía vibrar en fórmula regular, emitiendo destellos rojizos de varias tonalidades. Siguió enfocando con detenimiento y se dio cuenta de que cuando el rojo se transformaba en naranja, su sentimiento cambiaba. Era como un ritmo de tambor con un patrón estable. Satisfecho cerró los ojos y se emocionó al saber hasta dónde ya habíase expandido. Luego de un rato se durmió y se soñó viviendo en una estrella en compañía de unos amigos que, al igual que él, pulsaba con el universo.

En la madrugada, el canto de un gallo lo despertó. La corriente de la noche había desaparecido para ser sustituida por un oleaje más abrupto. Se fundió con las nuevas oscilaciones, cuando una voz que gritaba su nombre lo sacudió.

TRANSMUTANDO

La pequeña abeja que Batya perseguía se metió a su colmena y ella se acercó al pequeño orificio que le servía de entrada. Acostumbró su vista a la oscuridad y vio cómo los miembros del panal recibían a la visitante, le habían abierto un espacio rodeándola de un círculo mientras la observaban bailar. Batya no pudo suprimir su suspiro emocionado y tras un breve intervalo imitó la danza en medio de los árboles, que parecían observarla igual que a la abeja que había perseguido. Batya giraba sobre sí misma y después corría creando círculos entrelazados. Se sentía abeja y, como tal, sin dejar de bailar se acercó a una mancha roja en el campo, que se convirtió en un racimo de flores del mismo color abiertas al sol. Se introdujo al racimo y se acostó sobre las flores. Un águila volaba en el cielo flotando plácidamente en el espacio. Sostenida por un par de alas enormes, Batya se levantó de su lecho rojizo, extendió los brazos e imitó el vuelo del águila sintiendo que se elevaba por los aires. El campo y los árboles se veían debajo de su cuerpo y las flores se transformaron, de nuevo, en una mancha roja. Desde las alturas divisó un cervatillo que bebía agua de una corriente cristalina, se acercó al animal que asustado levantó la cabeza y se dio a la fuga. Batya lo siguió, imitando su trote, ahora era un cervatillo corriendo por la espesura. Lo perdió de vista y al voltear a la derecha vio a un miembro de su tribu haciéndole señas para que se acercara.

XII

PRESENTACIONES

Mandruk Ben Yehud, Hania Bat Josef y los otros nueve elegidos se reunieron con el sumo sacerdote en el patio interior del tabernáculo para conocerse entre sí y prepararse para su largo viaje. Pero además había otra reunión, que ayudaría a encontrar al representante de la tribu de Judah. El sumo sacerdote lo había planeado así puesto que, si cada elegido representaba un estado de conciencia, reconociendo a los once, podría saber cuál estaba ausente. Con eso, la elección del faltante podría facilitarse.

Mandruk Ben Yehud comenzó a hablar, mostró su arco y flechas y dijo que era un cazador de presas.

—Cada movimiento cuenta, cada huella revela la intención —dijo emocionado—, todo posee su propia estrategia de ser y lo importante es estar atento y concentrado para descubrir los secretos y los planes escondidos en toda manifestación.

Hania Bat Josef habló de sus sueños y de los mundos que visitaba, no sabiendo si eran construidos por ella o si existían en realidad.

—¡Qué importa!, al fin de cuentas, existen tantos universos… y lo importante es mantener la conciencia en todos los rincones maravillándose de todas las realidades.

Isaac Ben Aarón, de la tribu de Asher, habló después. Era un joven delgado y de facciones finas, pero lo que más resaltaba en su figura era su enorme frente totalmente despejada y sus ojos grandes, azules, inteligentes y profundos. No era difícil darse cuenta de que representaba al intelecto y la razón. Habló de sus estudios, de las relaciones que había hallado entre las estaciones y los cambios de dirección en el peregrinaje de las tribus, entre los colores de la arena y los cambios de humor de las personas, y lo que significaba la idea de Dios para el pueblo de Israel.

Isa Bat Yaacob, de la tribu de Naphtalí, lloraba cuando le tocó su turno de hablar. Enjugándose las lágrimas y con voz entrecortada por la emoción, dijo que estar entre elegidos era un privilegio que jamás había imaginado y para el cual no se sentía preparada.

—Yo no poseo la inteligencia de Isaac Ben Aarón, la astucia de Mandruk Ben Yehud ni la imaginación de Hania Bat Josef, yo solo sé amar y todo me apasiona. Cuando veo un animal sufriendo, sufro con él y mi corazón se rompe en pedazos al oír el llanto de un bebé o los quejidos de un enfermo o al percatarme de la debilidad de un anciano. Las flores me enternecen y solo busco amor.

Daniel Ben Abraham, de la tribu de Isaachar, de baja estatura, de facciones redondas y una cara enmascarada por una barba oscura se paró de su asiento como impulsado por un resorte cuando el sumo sacerdote lo señaló para hablar. Era imposible para él expresarse estático y sin gesticular con las manos. Corrientes nerviosas recorrían su cuerpo a cada instante y hasta sus orejas parecían moverse mientras intentaba articular palabras. En varias ocasiones su boca se movía y sus manos subían y bajaban, pero ningún sonido salía de sus labios. Por fin, se tomó las mejillas entre las palmas de sus manos y se obligó a sí mismo a dejar de moverse. Todos reían fascinados por la gracia de Daniel y oyeron con asombro sus primeras frases tan inesperadas como originales. Dijo que vivía en un océano lleno de emociones, las cuales eran como olas enormes que viajaban en todas las direcciones. Cuando hablaba con alguien, lo que captaba era el estado emocional de su interlocutor, mas no sus palabras; las emociones le decían más que cualquier razonamiento intelectual. En ellas veía intenciones, planes, significados y motivos mucho más ricos que cualquier discurso. Ahora mismo, entre todos había estado sumergido en cientos de diferentes emociones emanadas del cuerpo del sumo sacerdote y de los representantes de las tribus.

—Esa es la realidad para mí —concluyó haciendo complicados gestos y gesticulaciones.

Su conducta era tan graciosa y rica que todos, incluyendo al sumo sacerdote, estaban encantados con el espectáculo que habían presenciado y saturados de todas las emociones que Daniel Ben Abraham les había transmitido.

El sumo sacerdote se empezó a percatar de que lo que había determinado la elección de los representantes era absoluto compromiso y vivencia en un área de la realidad. Era tanta la intensidad de tal compromiso que este emanaba del cuerpo y espíritu de cada uno de los elegidos y se comunicaba con el resto. Así, cuando Mandruk se había expresado, todos se habían vuelto cazadores y acechadores como él. Cuando Hania se expresó, todos habían entrado a mundos infinitos repletos de objetos mágicos. Isaac Ben Aarón los había convertido en puro intelecto y todos habían experimentado un amor sofocante al escuchar a Isa Bat Yaacob. Las emociones de Daniel Ben Abraham las habían experimentado visceralmente llenándose de corrientes nerviosas, viajando a través de todo conducto y zona del cuerpo.

Asombrado, el sumo sacerdote señaló a Batya Bat Reuben, de la tribu de Manasseh. Si el cuerpo de Hania Bat Josef era hermoso, el de Batya excedía toda descripción. Las curvas de sus caderas, sus firmes muslos y la hermosura de sus senos erectos y turgentes hacían una delicia verla. Pero al levantarse de su lugar y comenzar a bailar alrededor de todos, su gracia y vitalidad excedieron su belleza física y enriquecieron al instante, con tal encanto que nadie se atrevió a moverse o apartar los ojos de sus movimientos. Danzaba como las gacelas durante sus ceremonias de seducción o como las ardillas volando entre las copas de los árboles. En momentos, su cuerpo se desprendía del suelo y parecía volar como un pájaro sostenido por una atmósfera plácida y palpitante. Batya Ben Reuben no dijo palabra alguna, pero bastó su baile para que todos experimentaran su cosmovisión y comprendieran que todo en la naturaleza danzaba en forma interminable, agradeciéndole al creador por la vida y por la oportunidad de vivirla. El único que parecía no poder controlarse era Mandruk Ben Yehud, cuyos instintos de cazador habían sido estimulados por la danza; se levantó de su lugar y siguió a Batya en sus movimientos como si quisiera atraparla y hacerla suya.

Cuando esta terminó, la estrechó entre sus brazos y acarició su cabello rubio que flotaba alrededor de sus hombros. La escena completó la alegoría del gusto por la vida en las dinámicas de todas las polaridades, masculina y femenina, que al atraerse y seducirse mutuamente danzaban enloquecidas por el placer de estar vivas.

Yaacob Ben Isaac, de Ephraim, fue señalado por el sumo sacerdote. Su enorme nariz aguileña y la diminuta separación entre sus ojos lo hacían parecer a una especie de ave enorme y majestuosa. Se levantó de su lugar y volteó a ver a todos los elegidos, incluso al sumo sacerdote. Después, cerró los ojos y empezó a silbar una melodía, intentaba integrarlas de diferentes formas de conciencia que se habían manifestado durante la reunión. El canto que surgía de sus labios contenía, en sus diferentes secuencias, una cadencia de cazadores, un viaje en ensoñaciones hacia las estrellas, la lógica de la más pura intelectualidad, el amor y la compasión más sublime, las emociones más intensas y la danza de la vida. Al terminar su composición, Yaacob Ben Isaac volteó a ver al sumo sacerdote y le explicó que su vida consistía en una constante investigación de todo lo que veía, incluyendo el mismo ver y su transformación en música.

—En las noches, el centelleo de las estrellas forma una cadencia preciosa con secuencias complejas que detonan una interconexión entre todo lo existente —dijo cantando—, en las mañanas el llamado del gallo refleja la bienvenida de un nuevo día y el vuelo de las abejas y su conducta de libar la miel es una danza de unión entre las fuerzas de la vida. Todo es una melodía de alabanza y yo la veo y la reproduzco, el espacio mismo tiene una música de fondo sobre la cual se inscriben filigranas melodiosas y sublimes. Pero el canto más maravilloso es el que surge de cada ser humano.

Ruth Bat Ephraim, de la tribu de Gad, no era tan hermosa como Hania Bat Josef o como Batya Bat Reuben, pero su sensualidad las sobrepasaba. Se acercó a Mandruk Ben Yehud y extendió sus brazos hasta tocar su pecho, una especie de corriente se estableció entre ambos y Mandruk se sintió unido a sí mismo y a Ruth como en un abrazo de amor. Después hizo lo mismo con cada uno de los elegidos, provocando la misma experiencia de unión total. Al legar al sumo sacerdote le tomó una mano y les pidió a todos los demás hacer lo mismo. Una cadena circular cerrada se estableció y al hacerlo un flujo eléctrico atravesó cada cuerpo y lo unió con el resto. La corriente comenzó a moverse en círculo aumentando su velocidad con cada vuelta hasta que su rapidez fue tan grande que se solidificó en una esfera que los incluía a todos. En ese momento y en medio del grupo apareció una luz brillante y multicolor parpadeando. Su brillo intenso y fluctuante iluminó todo el tabernáculo. Rayos de luz de todos los colores surgieron de la esfera y se proyectaron a las nubes, a la tierra y a los cortinajes que protegían los recintos sagrados que resguardaban el arca de la alianza, la Menoráh, las tablas de la ley y el arca de oro de los querubines. La voz de Ruth Bat Ephraim se introdujo al espectáculo luminoso modulando sus fluctuaciones mientras explicaba su visión de la realidad:

—Todo está unido, pero es responsabilidad humana el descubrir la unidad. Desde la arena del desierto hasta las estrellas en el cielo, todo se encuentra entrelazado y cada nivel de unión crea nuevas propiedades y seres que viven y reflejan la unión de todas las partes.

Ruth dejó de estrechar la mano del sumo sacerdote y el resto de los elegidos de las tribus hizo lo mismo con sus compañeros. La corriente comenzó a disminuir su velocidad hasta que se disipó. Todos voltearon a ver a Ruth Bat Ephraim inmensamente asombrados por lo que había acontecido mientras ella terminaba su explicación:

—Hemos creado un nuevo ser, producto de nuestra unión, aunque en realidad solo lo hemos manifestado, puesto que todo posee preexistencia en la unidad perfecta de Dios.

El turno le tocó ahora a Joshua Ben Simón, de la tribu de Reuben. Por su barba totalmente blanca y por las arrugas de su rostro, era claro que Joshua era el de mayor edad entre todos los elegidos. Caminaba ayudándose de un bastón y cuando el sumo sacerdote le pidió hablar, se levantó con lentitud apoyándose en él. Había conocido a Moisés y todavía recordaba la esclavitud en Egipto y todos los milagros que los había liberado del yugo del faraón. A pesar de su edad, sus ojos brillaban con la misma intensidad que los de un niño. Habían visto muchas cosas extraordinarias en su vida, pero se mantenían jóvenes y listos para nuevas visiones y aprendizajes. Todos, incluyendo al sumo sacerdote, esperaban sus palabras con una mezcla de respeto y curiosidad de saber cómo veía la vida. Joshua miró a cada uno con atención y después se aclaró la garganta antes de empezar a hablar. Les relató su vida en Egipto: primero fue amasador de paja, y después, ayudante de un oficial encargado de supervisar la producción de una pirámide. Su relación directa con aquel egipcio le había permitido conocer el pensamiento de ese pueblo hasta llegar a admirarlo por su fe en una supervivencia después de la muerte. Pero Moisés lo había cautivado porque reconocía en él algo verdaderamente sagrado, un contacto con el verdadero Dios. Los años de peregrinaje a través del desierto y todos los milagros que testificaron sus ojos lo habían convencido de que algo existía siempre detrás de toda apariencia y que nada se movía sin la voluntad del Creador.

—Solo hay un poder en todo el universo y cada uno de nosotros formamos parte de su unidad —dijo con seguridad—, así veo la realidad, sostenida permanentemente por la voluntad del único Dios. Es su voluntad que ahora estemos aquí y lo que suceda con nosotros, y la misión que habremos de cumplir es también decidida por él.

Las palabras de Joshua Ben Simón despertaron entre todos los elegidos un sentimiento de gran responsabilidad. Era como un aviso de que algo enorme estaba por suceder y que ellos participarían como principales protagonistas. Si alguien había dudado o no lo había captado totalmente, ahora lo hacía. ¿Para que los habían elegido y cuál era la misión en la que participarían? Eran las preguntas que el discurso de Joshua había despertado. Todos miraron interrogativamente al sumo sacerdote como pidiéndole una respuesta, pero él no supo responderles.

—Solamente sé —les dijo— que todos ustedes serán preparados para un largo viaje y que este lo deberán hacer transformando sus cuerpos tal y como Moisés lo hizo. También sé que no morirán como el resto, sino que desaparecerán de este mundo para irse juntos a otro.

Anahit Bat Daniel, de la tribu de Simón, fue la siguiente en tomar la palabra. Era una mujer madura de alrededor de cincuenta años de edad, con una cabellera salpicada de canas y unos ojos que denotaban una gran fuerza de voluntad. Todos sus hijos habían muerto en enfrentamientos con los canaítas, igual que su esposo. Cada muerte la había derrumbado, pero había renacido después con una fe inquebrantable. A pesar de su edad y de todos sus sufrimientos, su cuerpo no era flácido ni gastado, sino fuerte y firme. Bastaba verla para saber que representaba la fe y la voluntad.

—Una puede pensar que todo está perdido —empezó diciendo— y que todo lo externo pierde sentido: los hombres, la vida, las flores y las estrellas. Sin embargo, existe algo que no depende de las circunstancias, algo a lo que se puede acudir utilizando la fuerza de la voluntad y eso es la fe. Nadie ha sufrido más que yo y, sin embargo, véanme, no he muerto y me mantengo más fuerte que nunca, puesto que sé que nada de lo que pienso es el final. Siempre hay un más allá esperándome y solo yo puedo llamarlo creyendo en él. No es una creencia que se base en lo que puedo ver con los ojos ni en lo que puedo deducir con la razón, es otra cosa… Ahora mismo podríamos devanarnos los sesos tratando de comprender qué estamos haciendo aquí y cuál sería nuestro destino, pero sería inútil intentarlo. Estamos aquí y eso basta, y lo que haremos después de la razón de la elección la sabremos a su debido tiempo, ni antes ni después. Lo único que le da sentido a este momento es su propia existencia y lo que le dará significado al siguiente instante será el mismo hecho de que existirá. En cada instante se encuentra la totalidad, pero la fe no puede basarse ni siquiera en esto sino en lo que surge de un misterio profundo pero accesible. Hemos sido seleccionados y eso basta, nos iremos de este mundo a otro y eso basta, no importan los mundos porque la fe y la voluntad los trascienden.

En contraste con Anahit, Ariela Bat Nathan, de la tribu de Zebulum, era suave y pequeña, no tenía más de catorce años y había fijado su vista en cada uno de los que hablaron como si fuese la primera vez que veía a alguien en su vida. La inocencia que emanaba su persona era casi tangible y despertaba en aquel que la veía una ternura sin límites, parecía un recién nacido con una mente totalmente pura y sin preocupaciones. Ariela se paró de su lugar y se acercó al sumo sacerdote, las luces de los cristales que pendían de su pecho le habían llamado la atención. Los observó un largo instante y después señaló el que estaba apagado y preguntó por qué no brillaba.

El sumo sacerdote le explicó que el elegido de la tribu de Judah no había sido localizado. Ariela pidió tocar el cristal y el sumo sacerdote accedió. Cerrando los ojos, Ariela se concentró y pronunció un nombre que a todos dejó estupefactos: "Mordejai Ben Aba" y vive en las faldas del monte Hebrón.

XIII

MORDEJAI

Mordejai Ben Aba, de la tribu de Judah, era un rebelde que siempre había causado problemas, había sido expulsado de su tribu por no acatar las órdenes del consejo de ancianos y se había refugiado en una cueva del monte Hebrón, tal y como Ariela lo vislumbro. Nadie quería saber nada de él y lo daban por muerto a partir del día de su expulsión.

En realidad, había sobrevivido de milagro, pues todo expulsado de una tribu no era aceptado por ninguna otra y eso significaba una prohibición para cazar en el perímetro de las tierras ocupadas, una imposibilidad de plantar y cosechar y aun de construir cabaña o levantar una tienda. La única alternativa para un expulsado era refugiarse entre los canaítas o algún otro pueblo, pero como todo hebreo se consideraba un enemigo, hacerlo equivalía a ser capturado y torturado hasta la muerte. Mordejai lo sabía y, por ello, le había dado gracias a Dios al encontrar aquella cueva. Cerca había un río que saciaba su sed y frutas silvestres que le ayudaban a soportar el hambre. No tenía ninguna posesión, a excepción de una ligera manta con la que se cubría y que medianamente le ayudaba a soportar el frío de su pétrea morada. No se atrevía a salir de ella durante el día o en las noches de luna llena; se dedicaba a meditar y de tanto hacerlo había aprendido a calentar su cuerpo desde dentro y absorber la energía del monte a través de los poros de su piel. Los primeros meses, sin embargo, su soledad y aislamiento lo habían sumergido en una depresión sin fondo en la que lo único que existía para él era la soledad. Poco a poco, había hallado una luz en la que a medida que pasaba el tiempo brillaba cada vez con mayor intensidad. Había llegado a no aspirar la compañía humana y sus necesidades se habían reducido a tal grado que le bastaba aquella luz que no sabía de dónde surgía, pero que siempre estaba presente alumbrando su espíritu y dándoles confort a su cuerpo y a su mente. Paradójicamente, nunca había conocido tanta libertad como en aquel encierro forzado y sin alternativas, por eso, cuando escuchó que alguien entraba a la cueva temió, no tanto por el peligro que representaba sino por la posibilidad de perder su soledad; se dio cuenta de que no era una sola persona la que invadía su morada sino varios portando antorchas y vociferando su nombre. Al fondo de la cueva había un pequeño orificio que había explorado y que comunicaba a una caverna enorme llena de escondrijos. No contestó a los llamados y se dirigió al orificio escondiéndose en él. Corrió hasta el otro extremo de la caverna y entró en una depresión profunda. Esperó allí mientras aquellas personas seguían llamándolo. Le explicaron que la ley causante del motivo de su expulsión había sido derogada y que el sumo sacerdote deseaba hablar con él. Mordejai no contestó temiendo una trampa. Durante cuatro días y sus noches siguieron llamándolo hasta que se cansaron y abandonaron la cueva, dejando un guardia en la entrada. Entonces, Mordejai gritó que si el sumo sacerdote deseaba hablar con él, allí lo esperaría. El guardia lo escuchó y decidió pasar el mensaje.

XIV

LUGAR DE PARTIDA

El cristal de la tribu de Judah se había encendido y el sumo sacerdote comprendió que debía entrar de nuevo a la nube en el Devir para escuchar a Dios.

Así lo hizo y vio la imagen de una gran caverna en la cual estaban los elegidos, incluyendo a Mordejai. Comprendió que ese lugar sería el lugar de la partida.

Al salir del tabernáculo se encontró con el guardia, quien le informó del comunicado de Mordejai, lo que confirmó su interpretación.

Reunió a los elegidos y juntos se dirigieron al monte Hebrón. Al llegar a la cueva se despidió de todos y esperó en la entrada.

Mordejai oyó los pasos, pero esta vez no temió, salió de su escondite y los conoció. Le comunicaron la razón de haber venido a la cueva y Mordejai los guio al interior de la caverna, en donde todos se sentaron a esperar.

El sumo sacerdote vio, al amanecer, una bruma dorada que se aproximaba a la entrada de la cueva, se apartó para darle paso y observó cómo la nube se adentraba en ella hasta desaparecer en sus entrañas.

Media hora más tarde un arcoíris esplendoroso cubrió todo el monte Hebrón y el sumo sacerdote supo que su misión se había cumplido.

TERCERA PARTE

I

CAZADORES DE CONCIENCIAS

En el año 48236 d. C., Lord Pimental fue presentado con los once compañeros de Mandruk Ben Yehud. En realidad, no vio a nadie sino solo fue sintiendo las presencias en su mente mientras Mandruk las iba presentando. Cada una alumbró su espíritu con una luz diferente y su conciencia se transformó con cada contacto. Comprendió entonces el origen de los flujos hipercámpicos multicolores y se sorprendió por el nivel que representaban. Se imaginó a los habitantes de la Vía Láctea siendo enriquecidos por esas conciencias y dejó de tener dudas acerca de la necesidad de transformar el hipercampo humano.

Comprendió que Mandruk seguía siendo un cazador, por lo cual había sido el encargado de apresarlo. Pero ya no era cazador de gacelas sino de conciencias.

Una curiosidad sin límites lo embargó y quiso conocer más acerca de esos personajes increíbles que eran los compañeros de Mandruk. Estos accedieron a su deseo y cada uno le fue mostrando su vida y lo que habían hecho en su existencia. Le advirtieron que existían seres similares a ellos pero en niveles todavía más avanzados; eran sus maestros y en todo el universo se plasmaban sus presencias.

—El hombre está preparado para recibir nuestras influencias, pero no soportaría las de ellos. El que todo lo decide —le dijeron— se encuentra más allá de todos y, sin embargo, nos contiene a cada uno en su Unidad perfecta. Vivimos sin cuerpo y en una dimensión fuera del tiempo y el espacio, pero interactuamos con la materia a través de campos de energía, siendo el hipercampo humano uno de los más sutiles de entre todos los seres existentes.

Lord Pimental comprendió que todo lo existente seguía una dirección de desarrollo modulada por un "poder" inimaginable centrado en un Dios único y todopoderoso.

La especie humana era un modelo de ese proceso. pero enfocada en la conciencia de uno de sus miembros, en el emperador de la galaxia y no en lo que lo trascendía. Ese era el límite que el mismo hombre se había impuesto, y el tiempo para activar una transformación había llegado. Tanto Mandruk como sus once compañeros eran instrumentos en manos de ese "poder" y su misión era colaborar en la ejecución de una dirección suprema haciéndolo de una manera efectiva y causando un mínimo de sufrimiento.

El reconocimiento y la aceptación de su papel dentro de esa extraordinaria conspiración llenó de significado y asombro la existencia de Lord Pimental.

II

ACTUAR SIN DISCURSOS

Mindrido le comunicó al emperador de la galaxia los resultados de su indagación y le mostró la enigmática frase que el doctor Wregler había decodificado.

El emperador escuchó la frase con atención y se echó a reír en cuanto Mindrido acabó de pronunciarla.

—Es lo más gracioso que he escuchado en mi vida —dijo Situs con ironía—. Han transcurrido ya veinticuatro horas desde mi entrevista con el traidor Lord Pimental y ahora ustedes me vienen con una frase arcaica. Lo que necesitamos es otra cosa y no discursos. Nuestra galaxia está en peligro y dentro de cuarenta y ocho horas comenzará una batalla que no podemos perder y no pienso capitular. Ya he girado instrucciones de comando galáctico central para crear una pantalla que obstruya esos flujos perturbadores y estoy por recibir noticias acerca de ella. Reconozco tu sabiduría, Mindrido, pero me temo que no has actuado a la altura de las circunstancias o no las has comprendido del todo. Fuimos atacados sin motivo ni advertencia, ¿o ya olvidaste aquellos sesenta terribles días y lo que sucedió durante el congreso galáctico?

Mindrido miraba con asombro al emperador y no supo qué decir. Pidió permiso para retirarse y el emperador se lo concedió, pero en su mirada había un matiz de desconfianza que hirió profundamente al tutor. Después de ver salir a Mindrido, el emperador pidió una comunicación directa con el director de las Fuerzas de Defensa de la Vía Láctea y la imagen del general en jefe apareció en los aposentos reales.

III

ÚLTIMOS DETALLES

El general Flakma Escopitur descendía de una familia de militares que se había originado desde la época de Avizur Alcántico y que había surgido a partir del reinado de ese primer emperador de la galaxia. El mismo suceso que inició la dinastía Alcántica, la gran revuelta de las Pléyades, sirvió de motivo para la creación de un ejército de autómatas cuyo comandante supremo siempre era el emperador, pero cuya fuerza operativa se dejaba en manos de un general en jefe totalmente leal al monarca. La lealtad del general en jefe se aseguraba haciéndolo mutar con la ayuda de cristales especialmente diseñados. Era impensable una sublevación de su parte porque la mente del general en jefe estaba acoplada a la del emperador por lazos energéticos. Imposibles de inhibir o desviar.

El general Flakma Escopitur era el único en toda la galaxia, además del emperador, con el conocimiento detallado del arsenal de fusión cuántica que poseía el ejército de robots automatizados y de los mecanismos de modulación de la lattice a disposición del emperador. El arsenal nunca se había utilizado, pero todo habitante de la galaxia sabía que existía.

El cuerpo del general Flakma Escopitur era fornido y de gran estructura y su rostro recio e imperturbable denotaba una fuerza interna a prueba de toda tensión y exigencia. Saludó al emperador con una reverencia y expuso los avances en la activación de la pantalla protectora. Habían decidido, conjuntamente, crear vórtices energéticos de altísimo poder que imitaban la fuerza de atracción de agujeros negros súper masivos. Cualquier flujo hipercámpico perturbador se interceptaría con uno o varios vórtices activados en su trayectoria con un retardo de pocos nanosegundos. La activación de cada vórtice es prácticamente absorber en su seno cualquier emisión energética proveniente de localizaciones extragalácticas.

Satisfecho, el emperador le pidió a su general en jefe mantener al ejército en alerta máxima durante las siguientes cuarenta y ocho horas y en condición de ataque inmediato, a partir del momento en el cual se volvería a establecer contacto con Lord Pimental. Antes de interrumpir la conversación, en la que se volviera a establecer contacto con Lord Pimental, el emperador dio otra orden y para ello estableció contacto con el doctor Wregler en presencia del general. Le pidió al director del Instituto de Investigaciones de Antrex ponerse a las órdenes de aquel para preparar una ofensiva que requería conocer el lugar exacto en el cual se originaba el flujo perturbador.

—En caso necesario —les dijo a ambos—, no solamente evitaremos la entrada de cualquier flujo perturbador al interior de la Vía Láctea, sino destruiremos su origen en la galaxia lejana.

Al doctor Wregler no le hizo gracia someterse a la autoridad de Flakma Escopitur, pero accedió a la petición imperial sin mostrar signo alguno de oposición.

Más tranquilo, el emperador se despidió amablemente de sus colaboradores y se dirigió a su cámara de meditación para practicar las técnicas secretas de emergencia direccional que le habían legado sus antepasados. "Si todo falla —pensó para sí—, debo fortalecerme al máximo para anular la perturbación".

IV

LA FAMILIA IMPERIAL

La emperatriz de la galaxia, la princesa Taria del planeta Sexacis, poseía una belleza y una presencia deslumbrante y arrolladora.

Vivía en un palacio adyacente al del emperador y rara vez se veían. Existían tantas obligaciones para ambos que la vida conyugal se reducía al mínimo. Pero los habían educado desde pequeños para ello, siguiendo normas estrictas desarrolladas durante toda la dinastía. De hecho, la elección de pareja para el emperador de la galaxia requería de un análisis genético extraordinariamente complejo por parte del Instituto de Genética de la Galaxia. El genoma humano se conocía hasta el último de sus detalles y se duplicaban electrónicamente sus cadenas de aminoácidos, con el fin de crear en modelos matemáticos posibles fecundaciones y sus productos.

Los futuros monarcas de la galaxia debían ser genéticamente perfectos y superar a sus padres en inteligencia y poder. De todas las candidatas que el emperador había seleccionado, la princesa Taria había sido favorecida por el análisis genético. Habían procreado dos varones y una hembra y todos ellos mostraban cualidades extraordinarias.

La hija del emperador se parecía a su madre por su belleza y prestancia y era la predilecta de Situs, quien adoraba tenerla cerca de sí. Su gracia y talentos la hacían una deliciosa compañía y desde que era niña acompañaba a su padre en toda ceremonia o visita. Los varones eran grandes atletas, pero solamente uno de ellos, el menor, se interesaba por los asuntos del gobierno. Mindrido estaba a cargo de su educación y de vez en cuando participaba en las decisiones del imperio.

La emperatriz estaba orgullosa de sus hijos, pero su favorito era el primogénito, en quien reconocía una sensibilidad poética parecida a la suya. Taria transformaba todo lo que veía en poemas y sus noches estaban llenas de sueños lúcidos que habían aprendido a controlar y que le permitían viajar a todos los confines de la galaxia y más allá. Durante los sesenta días de perturbaciones y mientras se llevaba a cabo el Congreso Galáctico, la emperatriz había notado que lo que su esposo llamaba una alteración negativa, a ella le había activado una sensación de libertad y fluidez que nunca había experimentado ni se imaginaba que pudiese existir. De hecho, después de que los flujos hipercámpicos extragalácticos se habían interrumpido, esas sensaciones habían desaparecido, confirmándole que estaban causados por los mismos. Le había comunicado sus descubrimientos a Mindrido y este los había mantenido en secreto, pero estaba profundamente conmovido por esa divergencia entre ambos monarcas. Algo similar había acontecido con la hija del emperador y con su primogénito. El hijo menor, sin embargo, había sufrido insomnios y jaquecas y de una preocupación similar a la de su padre.

UN VIAJE ASTRAL

La emperatriz Taria activó su lecho antigravitacional y quedó flotando a la mitad de su posición favorita, boca arriba. Le encantaba volverse consciente dentro de sus sueños, pero tenía cuidado de no provocarse sueños lúcidos después de un día muy agitado porque entonces no lograba descansar lo suficiente. Esa noche, sin embargo, decidió hacerlo a pesar de su cansancio. Cerró los ojos y observó las imágenes que aparecían en su mente, y cuando la relajación fue más profunda siguió observando, y se mantuvo así durante la hipnagogia hasta que las imágenes se convirtieron en sueños. Soñó que caminaba en medio de un prado lleno de cristales de todos los colores. Decidió levantar el vuelo y le bastó la intención para flotar en el aire. Siguió ascendiendo hasta que dejó atrás la Tierra y, después, todo el sistema solar. Llegó a Cuádruplex y trató de orientarse recordando la dirección del flujo hipercámpico que había aparecido durante la proyección del doctor Wregler en el congreso galáctico. Reconoció cúmulos estelares y abandonó la Vía Láctea en dirección a la galaxia lejana. Los tres mil quinientos millones de años luz que la separaban de su destino los recorrió en un santiamén y se encontró rodeada de soles desconocidos. Volteó alrededor como buscando a alguien y de pronto se sintió observada. El sobresalto que experimentó normalmente la hubiera despertado, pero ejerció toda su fuerza de voluntad para no hacerlo y lo logró. ¡La observaban!, no tuvo duda de ello, aunque no había nadie en toda la extensión que abarcaba su vista. A pesar de no poseer forma lo que fuera que la estaba observando, estaba allí y muy cerca de ella.

—Es que somos muy parecidos —de pronto se escuchó una voz que volvió a sobresaltar a la emperatriz—, pero ya soy más vieja que tú y puedo enseñarte muchos secretos.

—¿Cuál es tu nombre? —preguntó Taria intrigada.

—Me llamo Hania y cuando tenía tu edad y un cuerpo parecido al tuyo me encantaba viajar en sueños.

—¿No tienes cuerpo? —volvió a preguntar Taria.

—Mi cuerpo son todos los cuerpos y ninguno —le contestó Hania—, pero un cuerpo humano lo tuve hace cincuenta mil años.

Taria aguijoneaba su curiosidad, pidió saber más y Hania le contó su origen y la misión que le habían encomendado.

—Vivo con mis compañeros fuera del tiempo y el espacio y soy responsable de resguardar, en toda su pureza, uno de los tesoros humanos. Cada uno de nosotros hace lo mismo, pero en una diferente faceta. Entre todos representamos al Adán Kadmon, el arquetipo humano.

—Pero ¿por qué han causado esas perturbaciones en nuestro hipercampo? —volvió a preguntar Taria adivinando que Hania y sus compañeros eran los responsables de los acontecimientos que tanto preocupaban al emperador. Hania contestó esa pregunta con otra.

—¿Han sido perturbaciones para ti? —Taria tuvo que confesar que no estaba de acuerdo con el emperador, ateniéndose a su propia experiencia. Lo que Situs calificaba como negativo, en ella había provocado grandes beneficios—. Tu esposo —afirmó Hania— está atrapado por las normas de su propia dinastía y por su ego. Lo humano no puede reducirse a una sola dirección por más rica que esta sea. Nosotros no hemos decidido nada ni tampoco queremos dañar a nadie, lo que sucede es lo que debe acontecer y está determinado naturalmente. La especie humana —concluyó Hania— debe abrirse a su propio molde y después trascenderlo, debes estar preparado para una transformación notable que se avecina y nadie la podrá evitar.

La emperatriz se despertó cuando amanecía e inmediatamente se comunicó con el tutor del emperador.

—Estoy muy preocupada —le dijo a Mindrido, apenas lo vio entrar en sus aposentos—, pero la razón de mi preocupación es diferente a la del emperador.

Mindrido miró a los ojos de la emperatriz, intentando entender su críptica afirmación y le preguntó lo que quería decir con ella.

Mi esposo —empezó a explicar Taria— cree que lo están atacando con fines agresivos cuando no es así.

—Eso es lo que nos dijo Lord Pimental —contestó Mindrido—, pero ¿tú cómo lo sabes?

La emperatriz le contó lo que había hecho durante la noche y el diálogo que sostuvo con Hania y el tutor del emperador entendió la relación de la frase decodificada y su origen en la galaxia lejana.

—Sea lo que fuese —concluyó Mindrido—, el emperador está haciendo lo que considera congruente y me temo que no habrá forma de convencerlo de lo contrario.

Colgaba de su cuello el diamante de Azur y unos minutos antes había recibido un mensaje del Instituto de Investigaciones de Antrex, desde donde el doctor Wregler y el doctor Flakma Escopitur le informaron que solo esperaban una orden suya para activar los vórtices y, en caso necesario, atacar con las cargas de fusión cuántica.

Al atardecer, se escuchó el zumbido característico de la puesta en marcha del comunicador hiperespacial y la figura odiada de Lord Pimental apareció flotando a la mitad de la estancia en la cual se encontraba el emperador. Este último tensó sus mandíbulas mientras Lord Pimental hacía una reverencia.

—El plazo ha concluido y su respuesta es esperada —le dijo Lord Pimental con seguridad.

El emperador frenó un impulso agresivo y aparentando una calma imperial contestó que jamás aceptaría una desviación de los flujos hipercámpicos y que cualquier intento de perturbación de los mismos sería castigado con la máxima energía. Pidió a Lord Pimental abandonar su absurdo empeño y regresar a la Vía Láctea, en donde se le sometería a un tratamiento adecuado a fin de devolverle la razón.

—No soy quien ha decidido esto —le contestó Lord Pimental—, la especie humana ha optado por un destino que no le corresponde y los cristales sustituyen lo que debe lograrse en forma natural. No se trata de acabar con la dinastía imperial ni de hacerle daño al emperador, sino de retornar a nuestra verdadera esencia como seres humanos. Le pido considerar los acontecimientos no como una agresión, sino como un deseo de cooperar con el desarrollo de la especie humana.

El emperador guardó silencio unos segundos y recordó todos sus sufrimientos durante los sesenta días de las perturbaciones. Pensó que si a esa condición se refería Lord Pimental y a la destrucción de toda la civilización que conllevaría al abandono del uso de los cristales, lo que estaba escuchando era el más grande absurdo. Miró directamente a los ojos de Lord Pimental y le contestó que no toleraría que un poder externo se inmiscuyera en la marcha de los acontecimientos de la galaxia.

—Mi respuesta —le dijo con toda su convicción— es un rotundo no. Lo natural es nuestra forma de vida y no toleraré que nadie lo ponga en entredicho.

—Siento mucho escuchar esas palabras —le contestó Lord Pimental—, porque la transformación es inevitable, pero podría haberse logrado sin sufrimientos.

—Eso lo veremos —le dijo Situs, y apagó el comunicador.

VI

LA EMBESTIDA DEMOLEDORA

Dos horas más tarde, el doctor Wregler le comunicó al emperador que un flujo hipercámpico perturbador se aproximaba a la Vía Láctea. El general Flakma Escopitur pidió autorización para activar los vórtices y el emperador se la concedió. Diez minutos después, Situs Nonágeno Alcántico sintió un cambio de focalización en el hipercampo comprendiendo que los vórtices habían sido ineficaces. Ordenó un ataque inmediato a la galaxia lejana y el sistema de cargas de fusión cuántica fue activado. Durante toda la noche y a intervalos de veinte segundos el arma más mortífera inventada por el hombre fue utilizada.

Sistemas solares completos desaparecieron a tres mil quinientos millones de años luz de la Vía Láctea y un área inmensa de completa desolación fue el resultado del ataque.

A las cinco de la madrugada, el emperador se volvió a comunicar con el Instituto de Investigaciones de Antrex y fue informado de que el flujo hipercámpico seguía emergiendo de la galaxia lejana. El general Flakma Escopitur recibía instrucciones de suspender el ataque y el emperador se dirigía a sus aposentos y tomando el diamante de Azur entre sus manos, cerró los ojos y activó su entrecejo. Utilizó su respiración para crear un flujo de energía en su cuerpo que conectó con la punta del diamante y expandió su campo neuronal en todas las direcciones del espacio. Se sentía extraño a sí mismo y trataba de recuperar su estado habitual, sabiendo que de lograrlo acabaría con la perturbación. Sintió un ligero alivio durante las siguientes veinticuatro horas y continuó, sin interrupción, creando la expansión. Dejó de hacerlo durante unos minutos y se vio envuelto en la lucha caótica para no desfallecer. La sensación extraña seguía allí con la misma intensidad que al principio y sin esfuerzo hubiese provocado mejoría alguna. El emperador calculó el tiempo que podría seguir resistiendo y decidió utilizar su último recurso, era una técnica en extremo peligrosa y solo utilizable en casos de suma urgencia. Se concentró en el flujo perturbador y con una inspiración prolongada lo absorbió dentro de su cuerpo. Utilizando lo que le quedaba de energía y con la ayuda del diamante de Azur envió el flujo hacia su vertex y lo sostuvo allí manteniendo una inspiración forzada. Puso atención a los latidos de su corazón y contrajo el pecho con sus músculos, apretando contra sus pectorales el músculo cardiaco. Notó una disminución en la frecuencia cardiaca. Si lograba paralizar su corazón durante sesenta segundos manteniendo el flujo perturbador en su vertex, este se aniquilaría.

Su corazón dejó de latir y a los sesenta segundos Situs aflojó la presión corporal. Ya no se sentía extraño a sí mismo y sonrió, pero su corazón se negó a palpitar. Soltó el diamante y con el último destello de su voluntad se golpeó el pecho con su puño cerrado. Puso atención a su corazón mientras comenzaba a ahogarse. Desesperado alcanzó a pedir auxilio y mientras era atendido, murió.

VII

UN ACONTECIMIENTO

La noticia alcanzó todos los confines de la galaxia. El emperador Situs Nonágeno Alcántico había muerto defendiendo los intereses del imperio. Toda la Vía Láctea se puso en duelo y los funerales del extinto monarca se transmitieron vía hiperespacio a todos los centros de artes visuales de los planetas. Los cincuenta gobernadores de la galaxia con todo el cuerpo diplomático asistieron a los funerales encabezados por la emperatriz Taria de Sexacis, sus hijos, Mindrido y el general Flakma Escopitur.

Los restos del emperador fueron depositados en el mausoleo imperial, una gigantesca cúpula que albergaba las tumbas de todos los emperadores desde el gran Avizur Alcántico. Después de la ceremonia luctuosa, el general Flakma Escopitur solicitó una reunión privada con la emperatriz y con Mindrido y les mostró una carta firmada por el difunto emperador en la que este nombraba, en caso de su muerte, a su hijo menor sucesor de la dinastía.

La emperatriz negó con la cabeza.

—Es demasiado pequeño —adujo con persuasión— y no está preparado para asumir tal responsabilidad. El primogénito es el sucesor.

El general miró a Mindrido y se enfrentó a la emperatriz.

—La carta lo dice con claridad —adujo con energía el general—, en ella está la última voluntad del emperador y esta debe respetarse. Además —continuó Flakma dirigiéndose a la emperatriz—, su hijo mayor nunca se ha interesado en el gobierno ni en los asuntos de la galaxia.

Mindrido intervino diciendo que ese no era el momento oportuno para tomar la decisión.

—Todos estamos dolidos y trastornados por la tragedia. Esperemos unos días más y lo volveremos a discutir.

El general miró con ojos fulminantes a Mindrido y pidió permiso para abandonar la estancia. Ya solos, la emperatriz no pudo contener las lágrimas y en medio de su llanto agradeció su intervención a Mindrido y quiso saber sus pensamientos. El anciano tutor la miró compasivamente y le explicó que su negativa de nombrar a su hijo menor era sumamente peligrosa.

—El general Flakma Escopitur —le dijo con suavidad— no se quedará con los brazos cruzados, en este momento debe estar alertando al ejército y planeando una estrategia para hacer que se cumpla la última voluntad del emperador. No existe en su mente otro pensamiento más que ese y dará la vida para lograrlo si es necesario.

Mindrido guardó silencio, tomó a la emperatriz por los hombros y mirándola fijamente le preguntó:

—¿Estás dispuesta a hacer lo mismo? —Taria tembló ligeramente y bajó la cabeza—. Lo sabía —dijo Mindrido—, y más vale que sea así. Obstinarse en lo contrario sería tanto como dividir el imperio, creando un caos que nadie está preparado para enfrentar. Descansa, medítalo y habla con tus hijos, yo estaré al pendiente e intentaré calmar a Flakma.

VIII

URGE

Mindrido estableció contacto inmediato con el doctor Wregler y este le informó que los flujos perturbadores continuaban y que su intensidad se había incrementado desde la muerte del emperador. Es más, están empezando a infiltrarse en todas las bandas del hipercampo.

Seguidamente, Mindrido se comunicó con el general Flakma Escopitur, quien se encontraba en su cuartel general en una estación orbital alrededor de la tierra. Apenas apareció su imagen, el general cuestionó la lealtad de Mindrido hacia el exemperador. Mindrido guardó silencio unos instantes antes de replicarle que los intereses del imperio se encontraban por encima de cualquier consideración personal y que sus armas habían demostrado ser ineficaces ante la agresión extragaláctica.

—¿No comprende usted que el plano de las perturbaciones no puede ser manejado con sus bombas y con sus robots? Ahora mismo todas las bandas del hipercampo están siendo modificadas y si ni usted ni yo sabemos qué hacer, menos aun un adolescente que al ocupar el trono firmará su propia sentencia de muerte.

Flakma frunció el ceño sintiéndose humillado. Lo que decía Mindrido era cierto, había sido incapaz de repeler la agresión y si el emperador, con todo su poder, había sucumbido, algo similar o peor podía esperarse que le aconteciera a su hijo. Sin embargo, había algo que podía esperarse que le aconteciera a su hijo. No obstante, había algo que podía hacerse utilizando el ejército y era aplacar cualquier rebelión que pudiera surgir en los planetas de la galaxia. Era de esperarse que sin un emperador y con el hipercampo alterado, alguien fuera de la casa imperial quisiese aprovechar la situación a su favor. Existían varios gobernadores que gustosamente se inclinarían a ello y eso debía evitarse a toda costa. Se lo hizo saber a Mindrido y este asintió. Era urgente coronar a un nuevo emperador, ¿pero a quién? El general no tenía dudas al respecto, debía ser el elegido de Situs. Mindrido no estuvo de acuerdo. El muchacho reacciona de la misma forma que su padre ante la perturbación hipercámpica, en cambio, el primogénito parece no afectarle y eso no significa una posibilidad de integración. —¿Qué es lo que usted está implicando? —rugió Flakma—, no se trata de integrarnos a nada sino de anular la perturbación.

—Ya no estoy tan seguro —contestó Mindrido.

Ambos quedaron de acuerdo en entrevistarse con la emperatriz dentro de cuarenta y ocho horas para tomar una decisión final.

IX

¿QUIÉN?

Los sueños de Taria, de Sexacis, eran cada noche más claros, lo mismo que su decisión de coronar a su primogénito. Se reunió con él a solas y le explicó lo que estaba aconteciendo.

—Haré lo que tú consideres adecuado —le contestó el joven—, yo personalmente no tengo ambiciones políticas o de poder, lo único que me interesa es mantenerme en paz y tranquilidad. Extrañamente y en contra de todo lo predecible —continuó diciendo—, desde la muerte de mi padre esa paz y esa tranquilidad se han incrementado, lo mismo que una sensación de luminosidad que nunca antes había experimentado. La siento en todo mi cuerpo, y mi mente parece poseer una luz propia, que aumenta con el paso de las horas.

—Sé a qué te refieres —le contestó Taria—, yo siento lo mismo.

La conversación que más tarde la emperatriz sostuvo con su hijo menor fue totalmente distinta. Este se presentó en los aposentos de su madre con una expresión de preocupación en el rostro y con una palidez que preocupó a Taria.

—¿Qué te sucede? —le preguntó, y el muchacho se quejó de una imposibilidad de conciliar el sueño y una tensión que se había incrementado notablemente a partir de la muerte de su padre.

—No estoy tranquilo —le dijo a su madre— y me siento extraño a mí mismo. —Taria lo atrajo hacia sí con la intención de abrazarlo, pero el muchacho tensó sus músculos y se apartó—. Sé lo que está sucediendo —le dijo con voz grave—, el general Flakma me lo contó todo y me mostró la carta de mi padre, conozco tu negativa de acatar su voluntad y no comprendo la razón, mi hermano no está interesado en nada más que en sí mismo y a pesar de ello tú deseas que se convierta en el sucesor, explícamelo, por favor, puesto que he perdido a mi padre y no deseo que suceda lo mismo con mi madre.

La emperatriz reconoció en su hijo la misma férrea voluntad que en Situs y por primera vez lo sintió como a un extraño. Una oleada de pensamientos contradictorios inundó su mente y vio escenas terribles en su interior. ¿Cómo explicarle lo que acontecía y al mismo tiempo conservar su amor? ¡Y ese Flakma atreviéndose a envenenar el alma de su hijo, colocándolo en una posición de alejamiento! Taria trató de calmarse y orientar sus ideas en una dirección congruente y conciliadora. Por fin, se aclaró la garganta y le dijo que lo que él y su padre sentían como negativo no lo era. Le platicó sus sueños y la posibilidad que se presentaba de crecer apoyándose en esos seres extragalácticos y en lo que se hallaba detrás de ellos. El muchacho la veía con una expresión de asombro mientras escuchaba el relato y dos sensaciones encontradas se acumularon dentro de su mente. Por un lado, lo que le había dicho el general Flakma Escopitur y la lealtad amorosa que sentía ante la decisión paterna; y por otro, esa posibilidad de la que hablaba su madre. No soportando más la tensión y la contradicción que representaban, se decidió por la primera opción.

—Lo que tú dices —le contestó a su madre—, yo no lo siento dentro de mí, al contrario, mis sensaciones me dicen que estás equivocada y que tanto mi padre como Flakma tienen razón. Lo que está sucediendo es una trampa y un engaño y debemos hacer todo lo posible por acabar con ello.

Después de decir esto, el muchacho pidió permiso para retirarse, pero Taria, asustada, lo convenció de lo contrario y mandó llamar a Mindrido.

La emperatriz sabía el gran respeto que su hijo tenía por el anciano tutor, quien se había encargado de su educación y lo había guiado en su desarrollo. Confiaba que Mindrido fuera capaz de impedir no solo una tragedia familiar, sino todo lo que esta representaría para la totalidad de la galaxia. Esperanzada, oyó sus pasos y personalmente fue a recibirlo abriéndole la puerta. Se asombró al verlo, Mindrido se veía más viejo que nunca y mientras entraba a los aposentos de la emperatriz se apoyaba en su bastón. Sus ojos habían perdido su brillo habitual y su larga barba se notaba hirsuta y opaca, no esplendida como siempre. Mindrido saludó a Taria y a su hijo y pidió permiso para sentarse; adivinaba lo que estaba sucediendo entre ambos y el terrible peso de su responsabilidad abrumó su cuerpo y mente.

Esa mañana y después de su conversación con Flakma, había detectado las primeras señales de sublevación provenientes de los planetas más alejados de la Tierra. No solamente la emperatriz y su hijo mayor habían sentido un alivio con la muerte del emperador, sino también algunos de los gobernadores…

Manintrako Pintifaya, el gobernador de Cuádruplex, había pronunciado un discurso frente a la asamblea de representantes de su planeta, diciendo que la muerte del emperador había sido una tragedia, pero también una oportunidad para pronunciar un movimiento de transformaciones en toda la galaxia. Había mencionado, aunque en forma subtextual, un deseo de independencia con respecto al poder imperial. La asamblea había respondido ante sus afirmaciones con una aclamación de apoyo y varias manifestaciones populares; en la misma dirección, estaban organizándose.

Informaciones similares provenientes de otros catorce planetas de la periferia habían sido comunicadas a Mindrido. Estaba seguro de que el general Flakma Escopitur estaba enterado de los acontecimientos y esperaba de un momento a otro un comunicado de él.

Mindrido miró a los ojos de Taria y ella creyó ver en ellos una petición de auxilio. Seguidamente, volteó a ver a su discípulo, se paró trabajosamente de su asiento y haciendo una reverencia pronunció el saludo imperial que los tutores acostumbraban a ofrecer a los nuevos monarcas.

—Saludo con amor y respeto al nuevo emperador de la galaxia.

Taria se quedó petrificada en su lugar y comprendió que no existía otra alternativa, también hizo una reverencia y pronunció el mismo saludo imperial.

X

EXECUT ALCÁNTICO

El general Flakma Escopitur se mostró regocijado al oír la noticia y conjuntamente con Mindrido y la emperatriz se decidió que la ceremonia de coronación se llevaría a cabo en tres días. El nombre del nuevo emperador sería Execut Alcántico y así fue comunicado a todos los gobernadores y a todos los habitantes de la Vía Láctea.

En el instante de su coronación, el general Flakma Escopitur le entregó el collar con el diamante de Azur y después se postró a sus pies jurándole lealtad absoluta. Mindrido observaba la escena, recordando la coronación de Situs Nonágeno Alcántico. En esa ocasión, él había entregado el collar en aquellos tiempos de paz. Observó de reojo el cuerpo del emperador Execut Alcántico y creyó ver la silueta de una calavera, cerró los ojos y supo que el nuevo monarca no duraría mucho en el poder. Volteó a ver los rostros de los gobernadores y leyó sus pensamientos, eran similares a los suyos, parecían decir que aquella no era una ceremonia de coronación, sino un funeral simbólico.

Mindrido quería al muchacho, había sido su discípulo desde muy pequeño y todavía recordaba sus grandes ojos llenos de asombro cuando interactuó con su primer cristal. Siempre había sido parecido a su padre, las mismas expresiones, similares gustos culinarios y un verdadero placer al tomar decisiones que implicaban poder sobre los demás.

"Cada quien tiene su propio destino —siguió pensando Mindrido— y el verdadero significado de la vida es cumplirlo cabalmente. Ahora, mi muchachito es el emperador de la galaxia y yo debo evitar que haga demasiadas tonterías".

XI

MOVIMIENTO INDEPENDENTISTA

El nuevo emperador pidió que se suspendieran las ceremonias que por costumbre sucedían a las coronaciones. Fueron cancelados los grandes banquetes, las presentaciones de holografía superrealista y los bailes. En su lugar, se inició un nuevo congreso galáctico aprovechando la presencia de todos los gobernadores y el cuerpo diplomático. El general Flakma Escopitur inauguró el evento, y esto junto con sus participaciones no dejaron duda alguna de su influencia y poder. Era, además, un claro mensaje acerca de la lealtad del ejército hacia Execut Alcántico y una advertencia en relación con posibles sublevaciones.

El nuevo emperador, a pesar de su corta edad y poca experiencia, se condujo como un digno monarca asombrando a todos. Mindrido sabía que de su cuello pendía el cristal más poderoso de la galaxia, sin embargo, no alcanzaba a explicar la fuerza de sus discursos ni su poder de persuasión. Execut Alcántico habló con toda franqueza acerca de las noticias de posibles sublevaciones y de los efectos que estaban causando las perturbaciones hipercámpicas.

—Mi padre —dijo con una emoción vibrante— murió por defender la integridad de la galaxia y yo estoy dispuesto a hacer lo mismo, pero su estrategia no tuvo éxito y ahora, entre todos, debemos planear otra más efectiva.

El congreso galáctico duró tres días y durante las discusiones que surgieron se manifestó una división entre los gobernadores, la cual claramente representaba la ubicación de los planetas. Por un lado, los que se encontraban en la periferia de la galaxia; y por otro, los que se hallaban en el centro. Los primeros se inclinaban por un manejo más independiente y soberano de la situación; y los segundos expresaron un deseo de actuar en forma conjunta.

Para Mindrido significaba que las influencias provenientes de la galaxia lejana afectaban con mayor poder a los planetas localizados en los bordes de la Vía Láctea. Esas influencias habían despertado un impulso de independencia y reflejaban lo que acontecía en las poblaciones planetarias. El líder de los planetas periféricos era Manintrako Pintifaya, quien se había atrevido a declararse completamente independiente por temor a una represalia del ejército, pero tampoco había ocultado su deseo de que cada planeta creara su propia estrategia.

En su discurso de clausura, el emperador Execut Alcántico intentó, sin éxito, lograr un consenso y una promesa de obediencia con respecto a las decisiones del centro, y en ese ambiente de división fue clausurado el congreso.

Una semana más tarde, el planeta Cuádruplex anunció su decisión de independizarse del imperio y dos días después se le unió el resto de los planetas de la periferia. El emperador convocó una reunión urgente con el general Flakma Escopitur a la que asistieron Mindrido y los gobernadores de los treinta y cinco planetas restantes.

CUARTA PARTE

En el año nuevo de 1746, realicé, ayudado por un juramento, una elevación de mi alma, como tú conoces, y vi cosas milagrosas que nunca antes había visto. Lo que percibí y aprendí ahí es imposible describirlo con palabras, aun cara a cara... Ascendí de nivel en nivel hasta que entré a la cámara del mesías, lugar donde estudia la Torá con los Tanaim, los justos y también con los pastores. Pregunté al mesías:

—¿Cuándo vendrá el maestro?

Y él me contestó:

—Lo sabrás de esta forma, cuando tus enseñanzas se vuelvan públicas y reveladas al mundo y tus descendientes ocupen todos los confines, aun los más remotos. Cuando todo lo que te he enseñado y has comprendido, y ellos también sean capaces de realizar unificaciones y elevaciones como tú, entonces todos los "revestimientos" cesarán de existir y vendrá un tiempo de buena voluntad y salvación.

Me quedé quieto y lleno de asombro, con una gran angustia al comprender todo el tiempo que tendría que pasar para cumplir lo anterior, ¿cuánto podría ser? Pero con lo que aprendí allí, tres prácticas potentes y tres nombres sagrados, fáciles de aprender y explicar, mi mente se calmó y pensé que posiblemente mediante esto, hombres y mujeres de mi naturaleza podrían alcanzar niveles similares a los míos. Pero no se me permitió durante toda mi vida revelar esto. Solamente esto puedo decirte y quiera Dios ayudarte para que siempre estés en su presencia y nunca dejes tu conciencia durante el tiempo de tus rezos y estudios: que toda palabra en tus labios tenga la intención de unificar, porque en cada letra existen mundos, almas y divinidad, y ellos ascienden y conectan y se unifican unos con los otros, después las letras se conectan y unifican para convertirse en palabras y se unifican en una verdadera unión con la Divinidad. Incluye tu alma con ellas, en todos y cada uno de los estados. Todos los mundos se unifican como uno y ascienden para producir un placer y gozo infinitamente grandes, como tú puedes entender viendo el gozo de la novia y el novio en un nivel menor y físico, ¡cuánto más existe en un estado exaltado como este! Seguramente, Dios será tu aliado y dondequiera que vayas vas a lograr éxito y una cada vez mayor percepción. "Dale al sabio y se volverá aún más sabio".

De una carta del rabino Israel Bal Shem Tov
a su cuñado, el rabino Gershon de Kitor

I

ISRAEL

El joven Israel barría el piso de la sinagoga mientras pensaba en la historia reciente de su pueblo. Hacía apenas setenta y cinco años, en 1648, Bogdan Chmielnicki y sus cosacos habían azotado las aldeas, quemándolas y matando a la población judía en la forma más salvaje. Las mujeres eran violadas y después enterradas vivas junto con sus hijos. Los hombres eran cortados en pedazos. Un terror absoluto se había apoderado de toda la población judía de Polonia y cuando los tártaros se unieron a los cosacos, la cuarta parte de la población judía fue asesinada y dos siglos de desarrollo destruidos en menos de veinte años de constantes pogromos.

Israel había nacido en 1700 y quedado huérfano de padre y madre cuando era niño. La comunidad se había ocupado de él y ahora trabajaba en la sinagoga cuidándola y barriendo su piso, además enseñaba a los niños las letras hebreas y su significado. En las noches, cuando todos se retiraban a descansar, él tomaba los libros sagrados y los estudiaba hasta el amanecer. En las tardes se internaba en el bosque cercano y meditaba. Había aprendido a reconocer el canto de los pájaros y hablaba con los árboles y las flores. Todo poseía conciencia y el joven Israel reconocía mensajes por doquier. Pero lo que más le interesaba era conversar directamente con Dios y sentirse en cercanía con el Creador, viviendo una luz interna que cada vez se hacía más potente y clara.

II

NATHAN

Después de los pogromos, un fervor mesiánico se había apoderado del pueblo judío. Según las escrituras, el maestro aparecería en un tiempo de grandes tribulaciones y Chmielnicki había sido el instrumento para lograrlo. Nada acontecía sin ser ordenado por Dios y el mesías estaba a punto de aparecer… y apareció. Se llamaba Shabbetai Tzvi y era de cara redonda enmarcada en una barba pequeña y ojos descoloridos y ensoñadores. Había nacido en Smirna, ubicada en la Asia Menor, en la misma fatídica fecha en la cual, siglos antes, se habían destruido los templos de Jerusalén. En 1946, a los veinte años de edad y ya ordenado como rabino, empezó a manifestar tendencias maniacodepresivas. Oscilaba entre el éxtasis, durante el cual pronunciaba en voz alta el nombre de Dios y la melancolía, apartándose de sus semejantes en un aislamiento total. Era un estudioso de la Cábala y cantaba con una fina voz. Fue expulsado de Smirna por trasgredir las leyes religiosas y después de Salónika cuando alabó a Dios diciendo que permitía lo prohibido. Se casó con una prostituta sobreviviente de las masacres de Chmielnicki. Se empezó a sentir posesionado de los demonios después de viajar a Jerusalén y en la ciudad de Gaza conoció a Nathan el profeta, un joven rabino con una reputación impecable. Al verlo, Nathan lo reconoció como anunciado por una de sus visiones, en la cual Shabbetai aparecía como el mesías. Dos años después del encuentro y convencido por Nathan, Shabbetai Tvzi se autoproclamó públicamente como el mesías. Según Nathan, sus oscilaciones entre la depresión y la euforia no eran resultado de una posesión demoniaca, sino la manifestación sagrada de sus frecuentes luchas en contra de la oscuridad.

Nathan se convirtió en el profeta del mesías y empezó a enviar cartas a todas las comunidades judías del mundo, anunciando la nueva. Mientras tanto, Shabbetai viajó a Safed para convencer a los cabalistas de la Galilea acerca de la autenticidad. Cien años antes, había visto llegar al rabino Isaac Lucía, quien durante dos años de permanencia allí había revolucionado la Cábala, convirtiéndose en el líder indiscutible de la comunidad de místicos de la ciudad. Los talmudistas de Safed acabaron aceptando a Shabbetai como mesías. Después se tornó a Smirna y en la sinagoga de la ciudad leyó la Torá y anunció su misión mesiánica. La ciudad entró en histeria y la gente bailaba por el mesías.

Las cartas enviadas por Nathan, el profeta, y los acontecimientos en Smirna invadieron el centro de Europa y cientos de miles de judíos vieron en ellos la señal esperada. En las calles de las principales ciudades de Estonia y Lituania empezaron a organizarse grandes procesiones con retratos de Shabbetai Tzvi. El cabalista polaco Nehemiah Hacohen fue enviado a probar al nuevo mesías. Le dijo que no se había cumplido la profecía que decía que antes de la llegada del verdadero mesías, uno falso debía ser proclamado y muerto. Durante tres días discutieron, Shabbetai tratando de convencer a Nehemiah de su equivocación. Ambos utilizaron argumentos cabalísticos, pero al final Nehemiah no fue convencido y acusó a Shabbetai ante las autoridades turcas de falsedad. El 15 de septiembre de 1666, el sultán en Constantinopla ofreció al supuesto mesías la opción de morir o convertirse al islam. Shabbetai, en un estado de profunda depresión tras sus discusiones con Nehemiah, escogió la conversión.

La noticia se esparció como el viento y cuando Nathan el profeta se enteró de ella la consideró como un gran misterio y trató de justificarla diciendo que el mesías debía descender a la más profunda oscuridad para desde ahí redimir al mundo. Recordó todos los actos prohibitivos que Shabbetai había realizado en su vida, incluyendo conductas homosexuales y heterosexuales licenciosas y anunció que la conversión era una forma de introducirse al mal para vencerlo desde dentro. Algunos le creyeron, pero la mayoría de los seguidores de Shabbetai Tzvi se desilusionó y abandonó el movimiento. Millones de personas que habían creído en el falso mesías cayeron en una depresión terrible y los rabinos de todas las comunidades prohibieron el estudio de la Cábala y de la mística judía y exigieron el cumplimiento estricto y riguroso de los rituales y las leyes para evitar una nueva apostasía.

ISRAEL ABRE LOS OJOS

El joven Israel seguía barriendo el suelo de la sinagoga y pensaba que aun lo más contradictorio es mandado por Dios dentro de un plan sublime. Él, como todos los jóvenes de su generación, había sido educado en el racionalismo rabínico, que prohibía el éxtasis y la mística. El falso mesías había utilizado la Cábala como lenguaje y herramienta y, por ello, su estudio solo permitía a los grandes rabinos. El pueblo debía cumplir las leyes y ajustarse a los reglamentos rabínicos, sin permiso para sentir a Dios adentro, sin autorización para vivir lo divino en forma inmanente. Solamente los grandes estudiosos y los ricos que poseían el tiempo y las oportunidades para el estudio podían acercarse a Dios. Los demás, es decir, la mayoría, necesitaban cumplir los reglamentos y los mandatos. Un hombre, un Dios que ninguna ley podía satisfacer se había apoderado del pueblo y una terrible oscuridad repleta de temor llenaba los espíritus.

Israel dejó de barrer y de pronto comprendió la razón de todo aquello. Recordó sus diálogos con Dios en el bosque y sus estudios secretos de Cábala, y supo que a él le tocaba revertir la situación. Catorce años más se preparó y empezó a recorrer Polonia, convenciendo a los judíos con los que se encontraba de que no era necesario ajustarse al rigor de los comandos rabínicos para acercarse a Dios, que esto se encontraba en el corazón de cada uno y se podía experimentar en el interior. Era la fe y la alegría lo que acercaba a Dios al hombre.

IV

EL MOVIMIENTO HASIDÍSTICO

Se inició así el movimiento hasidístico y a su iniciador se le empezó a conocer con el nombre de Israel Bal Shem Tov, el Besht.

Los milagros no son tanto el hecho que aparece, sino la oportunidad, el lugar y el tiempo en el cual acontecen. Todo estaba preparado para el mensaje del Besht. Los lugares en los cuales predicó eran los adecuados y el tiempo era el preciso para que el movimiento por él iniciado cautivara los corazones de millones de judíos insatisfechos con las normas áridas del movimiento racionalista de los rabinos y con sus prohibiciones para establecer un contacto directo con Dios. Los intermediarios fueron dejados y el pueblo se volcó hacia el hasidismo que pregonaba un amor por la vida, una devoción a Dios basada en el amor en la alegría.

Sin embargo, Israel Bal Shem Tov era un gran erudito tanto en el Talmud como en la Cábala y las leyes rabínicas, y exigió de sus alumnos la misma instrucción.

El movimiento rabínico excomulgó al hasidismo y este excomulgó al rabínico en una batalla que se inició cuando los rabinos se percataron del poder que se desencadenó y temieron que este llevara a un falso mesianismo. Pero el Besht no se proclamó mesías y su erudición convenció a los grandes racionalistas de su época de que el judaísmo no estaba en peligro. Muchos de ellos se convirtieron en discípulos del Bal Shem Tov mientras este continuaba viajando de comunidad en comunidad y de sinagoga en sinagoga, proclamando la alegría de vivir, la fe y la posibilidad de sentir a Dios en el corazón.

V

PREPARÁNDOSE PARA ASCENDER

A los cuarenta y seis años de edad, Israel Bal Shem Tov se internó en el bosque que rodeaba el pueblo de Medzibosh y se sentó a meditar. Vivía ahí desde hacía más de un año, después de recorrer Europa Central, divulgando el hasidismo y entrenando discípulos. Quería saber cuándo llegaría el mesías y se preparó para ascender a los mundos espirituales para plantear su pregunta. Era un momento propicio el día del juicio, el día del año nuevo judío.

Durante los años que vivió en su pueblo natal Okup y después de su matrimonio, mientras vivía cerca de la ciudad de Brody, había profundizado en los misterios de la Cábala y desde los treinta y cuatro años de edad había hecho pública su misión. ¿Iba en el camino correcto?

Se sentó junto a un pino gigantesco y cerró los ojos. Empezó a temblar y oleadas de frío y calor ascendieron por su columna vertebral. Unificó su cuerpo con el bosque y después con toda la Tierra. Sintió las estrellas dentro de sí y abandonó el cuerpo físico. Utilizó las técnicas cabalísticas que había aprendido y de esta forma pudo ascender de nivel hasta que empezó a reconocer otros seres en una dimensión distinta a la usual. Sus cuerpos eran luminosos, parecían vivir fuera del espacio y el tiempo.

Se acercó a ellos y reconoció en cada uno a cada tribu del antiguo Israel, le hablaron, aunque sin utilizar la voz humana. Sus voces —o algo parecido a estas— aparecieron dentro de su mente en forma directa. Le explicaron lo que hacían ahí. Cada uno de ellos representaba una faceta del Adam Kadmón en su pureza total. Juntos completaban el arquetipo humano en su mayor riqueza porque habían "emigrado" de la Tierra después de cuarenta años de tránsito por el desierto, alimentándose del maná divino hasta pisar la tierra prometida. Su tránsito por el desierto los había purificado quitando toda mancha de su espíritu. Enviaban a la Tierra una luz dorada multicolor que servía para alimentar de su esencia a lo humano. Cada uno le mostró la particular faceta que representaba.

Mandruk Ben Yehud, de la tribu de Benjamín, le enseñó el arte de la concentración y los secretos de la permanencia en un estado de constante búsqueda a Dios. Había sido cazador de gacelas en la Tierra y ahora exploraba el universo y cazaba conciencias.

Hania Bat Josef, de la tribu de Dan, le mostró el arte y los secretos de la creación de los mundos en los que viajaba. Podía estar en varios lugares al mismo tiempo redimiéndolos de su impureza.

Isaac Ben Aren, de la tribu de Asher, le mostró la belleza del intelecto y juntos entraron a los secretos de los caminos de la energía a través del conocimiento de las formas. Empezaron estudiando las letras hebreas en sus tres poderes creativos: energía, vida y luz; en sus tres representaciones: forma, nombre y número. Después, combinaron las letras unas con otras mediante gematría y analizaron su correspondencia numérica. Israel Bal Shem Tov lloraba de asombro y admiración al darse cuenta de la relación abstracta que existía en cada una de las palabras y en su poder de crear vida. Isaac se despidió del Besht recomendándole hablar únicamente con Dios y buscar la unidad por detrás de todas las apariencias.

—Yo ya he hallado lo indivisible —le dijo emocionado—, hoy tú descúbrelo.

Isa Bat Yaacob, de la tribu de Naphtalí, llenó el corazón del Besht de amor e insufló su alma de pasión y compasión por todos los seres y todos los mundos hasta llevarlo al pináculo de éxtasis, en donde todo era cálido y tierno.

Daniel Ben Abraham, de la tribu de Issachas, le mostró el poder de las emociones y enriqueció su espíritu matizándolo con cientos de estados emocionales que despertaban con cada pensamiento, acto o visión.

Bayta Bat Reuben, de la tribu de Manasseh, le enseñó a bailar entre las estrellas siguiendo sus movimientos y traslaciones. Juntos viajaron por sistemas solares y acompañaron a cometas y asteroides mientras estos danzaban en el espacio. El Bal Shem Tov comprendió el poder del movimiento y su cuerpo adquirió la facultad de manifestarse en fusión con todo lo vivo.

Yaacob Ben Isaac, de la tribu de Ephraim, le enseñó a cantar y a investigar los secretos de los sonidos imitándolos en todos sus matices y ordenaciones.

Ruth Bal Ephraim, de la tribu de Gad, le mostró los misterios de la unión instruyéndolo en la fusión de los secretos de las criaturas y del Creador.

Joshua Ben Simón, de la tribu de Reuben, viajó con Bal Shem Tov desde la diversidad hasta la unidad, mostrándole la raíz de todo lo conocido.

Anahit Bal Daniel, de la tribu de Simeón, le enseñó el origen de la fe y la voluntad de Israel, comprendió que era capaz de extraer fuerzas de lo que no podía reducirse de nada conocido. La fe provenía de un más allá inexplicable pero verdadero y la voluntad estaba fuera del universo en un lugar que era todos los lugares y a la vez ninguno simultáneamente.

Ariela Bat Nathan, de la tribu de Zebulum, lo maravilló con su inocencia y frescura. No había en ella más que la pureza de un recién nacido e Israel aprendió a permanecer fresco y nuevo a cada instante. Por último, Mordejai Ben Aba, de la tribu de Judah, impregnó su ser con el valor de la rebelión. Se renovaba a cada instante revolucionándose a sí mismo sin aceptar límites y el Bal Shem Tov lo imitó conociendo el valor de convertirse en un guerrero.

VI

LA ASCENSIÓN

Millones de chispas de luz se mezclaron cuando doce representantes de las tribus junto con el Besht ascendieron juntos al siguiente nivel de la creación. Se acercaron a una cúpula dorada resplandeciente y entraron en ella. En su interior, estaba un grupo de seres rodeando un trono que estudiaban. En el centro, una aparición muy luminosa parecía coordinar el esfuerzo de todos los demás. Israel comprendió que la luminosidad central pertenecía al cuerpo del mesías, se acercó a él y esperó a ser bendecido. Le preguntó cuándo aparecería en la Tierra y el mesías le contestó que en el momento en el que el hombre ocupara todos los confines de la galaxia y cuando las enseñanzas del Bal Shem Tov se hubiesen expandido hasta llegar a todos los hombres. Israel se quedó quieto, lleno de asombro y con una gran angustia al comprender todo el tiempo que tendría que pasar para cumplir lo anterior: "¿cuándo podría ser?".

VII

EL LEGADO DE ISRAEL

El rabino Israel Bal Shem Tov regresó al bosque transformado y con la seguridad de que su camino era el correcto. Debía expandir su cuerpo a discípulos, preparándolos para enseñar el hasidismo. Nada era más importante que eso. Al llegar a su casa, Janah, su esposa, no pudo contener una exclamación de asombro, la entrecana barba de su marido se había vuelto totalmente blanca, lo mismo que el cabello que coronaba su cabeza. Una luminosidad sublime emanaba de su rostro y una decisión poderosa de sus manos. A partir de ese momento, su fama se extendió por toda Europa y en el momento de su muerte, en el año 1760, cientos de miles de hasidim poblaban el mundo.

QUINTA PARTE

I

EL ULTIMÁTUM

En el año 48237, el general Flakma Escopitur tomó la palabra ante los treinta y cinco gobernadores de los planetas centrales.

—La situación es intolerable —empezó diciendo el fornido general—, la galaxia no se puede dividir y ha llegado el momento de demostrarles a los planetas traidores quién posee el mando. Propongo la declaración de un ultimátum y de no ser atendido, una invasión militar inmediata. Las fuerzas imperiales a mi mando se encargarán de reunificar la galaxia bajo la guía de la dinastía Alcántica.

Todos sabían lo que aquello significaba, la muerte de millones de personas, el derrocamiento de los gobernadores disidentes y el establecimiento de un régimen de terror. Mindrido tembló debajo de sus túnicas y observó al emperador, quien permaneció impasible durante el discurso de su general en jefe. Trató de entrar en la mente del monarca, pero se encontró con una barrera.

Conocía demasiado bien a Execut y sabía que estaba utilizando las técnicas que él mismo le había enseñado para impedir el acceso a su interior. Notó, sin embargo, una lucha interna en el joven emperador. Nunca desde los tiempos del Avizur Alcántico se había utilizado la fuerza militar dentro de la galaxia. Era casi impensable que ahora después de cincuenta mil años se retornara a la muerte y a la destrucción. Execut sería conocido para todo el futuro como un asesino si atendía a las sugerencias de Flakma Escopitur, pero, por otro lado, no podía dejar que el imperio se desmembrase ante sus ojos sin intentar ninguna acción.

Mindrido tomó la palabra ante la mirada fiera de Flakma Escopitur. Observó al emperador directamente a los ojos y reconoció en ellos un brillo de apoyo.

—La acción militar dentro de la Vía Láctea es impensable —dijo con un tono convincente que calmó ligeramente el temor despertado por las palabras del general—; de utilizarla —continuó—, la situación empeorará. Es necesario intentar convencer a los planetas periféricos de su error y escuchar lo que pidan a cambio de que desistan de sus deseos de independencia total.

Los gobernadores vieron la moción de Mindrido con muestras de afirmación. Xint, del planeta Gamatrón, pidió la palabra. Se le conocía en toda la región central de la galaxia como un gran orador, capaz de hacer converger en una solución equilibrada a los más dispares intereses. Empezó a hablar con una voz suave, que aumentó de intensidad a medida que elaboraba su intervención.

—Intuyo que todos los gobernadores aquí presentes sienten algo similar a lo que yo siento. Mindrido tiene razón, utilizar la fuerza representaría una derrota moral para el imperio y un antecedente negativo para el futuro desenvolvimiento del emperador de la galaxia. —Xint hizo una breve pausa como para dejar que sus palabras se sedimentaran en la mente de sus oyentes y volteó a ver al emperador, quien lo oía atento y concentrado—. Execut Alcántico acaba de coronarse y su primera acción debe ser una muestra de sabiduría y madurez para toda la galaxia. Así se le recordará como un ejemplo de entereza y altura espiritual. Secundo la propuesta de Mindrido para establecer un diálogo constructivo con los gobernadores disidentes, diálogo en el cual debemos participar.

Todos aclamaron de pie al gobernador de Gamatrón, excepto el general Flakma Escopitur, quien permaneció sentado y con el ceño fruncido.

El emperador de la galaxia tomó la palabra y pidió a Mindrido que mediara para invitar a los quince gobernadores de los planetas periféricos a una reunión que se llevaría a cabo lo antes posible. Mindrido suspiró aliviado y, evitando cruzar la mirada con la de Flakma, pidió autorización para retirarse y empezar los preparativos para un nuevo congreso galáctico a celebrarse en la Tierra, pero el emperador lo interrumpió.

—No será en la Tierra sino en Cuádruplex —dijo con un tono que no admitía réplica alguna.

Los gobernadores se miraron unos a los otros y Flakma Escopitur no pudo contenerse.

—¡Eso es imposible! —dijo con voz alarmada—, en las actuales circunstancias, la presencia del emperador en la periferia de la galaxia sería muy peligrosa.

Execut Alcántico se levantó de su asiento y mirando a su general en jefe negó con la cabeza:

—Será en Cuádruplex o no será en ningún otro lugar.

II

PREPARATIVOS PARA EL CONGRESO

El gobernador Manintrako Pintifaya recibió la comunicación hiperespacial con gran asombro y cuando escuchó la propuesta de Mindrido para realizar un congreso galáctico en su planeta, se quedó mudo sin poder proferir palabra.

—¿Cuál es su respuesta? —presionó Mindrido. El gobernador pidió tres horas para consultarlo con los otros dirigentes de los planetas periféricos y prometió responder en ese término.

Terminada la conversación, Mindrido se dirigió a los aposentos de la madre emperatriz y habló con ella contándole todos los acontecimientos recientes. Taria reaccionó con nerviosismo al oír la decisión de su hijo.

—Es una locura o un toque de genialidad —le dijo a Mindrido, quien asintió con la cabeza—. ¿Qué es lo que pretende?

Mindrido se acarició la barba y le dijo que la acción representaba una negación de los edictos de la independencia que habían publicado los planetas periféricos.

—Execut irá al Congreso en su calidad de emperador de toda la galaxia, desconociendo con ese hecho la independencia de los planetas. Es una maniobra de gran maestría política de tu hijo y debe ser apoyada.

—¿Cómo? —preguntó la madre emperatriz.

—Deberías ir con tus demás hijos y manifestar en todo momento un gran apoyo hacia el emperador. Tu hijo mayor deberá hacer lo mismo —Mindrido le respondió.

La respuesta del gobernador de Cuádruplex fue afirmativa y se decidió realizar el congreso en setenta y dos horas. Antes de partir, Execut Alcántico sostuvo una conversación privada con el general Flakma Escopitur, quien no acompañó a la comitiva imperial.

III

ÚLTIMAS ESPERANZAS

Los quince gobernadores de los planetas se reunieron veinticuatro horas antes del arribo del emperador. Previamente cada uno había consultado con la población que gobernaba, la cual en forma unánime le había pedido no ceder frente a la corte imperial. Ni el emperador ni los planetas centrales podían imaginarse los cambios que habían acontecido en la periferia. De una forma extraña y misteriosa, la gente había empezado a rehusar el uso de cristales y una verdadera ansia de liberarse del imperio se había apoderado de las masas. Si se les preguntaba por qué, no sabían qué contestar, pero lo vivían como algo irrefutable. Querían ser libres de todo control por mínimo que fuese y algunos habían empezado a tener sueños extraños, sueños en donde aprendían cosas que luego no recordaban. Poco a poco, sin embargo, lo empezaron a hacer y se dieron cuenta de que nada de lo que les rodeaba, o coincidía o apoyaba las enseñanzas oníricas. Movidos por hilos invisibles habían comenzado a reunirse formando grupos y academias de estudios en las cuales se contaban unos a los otros sus sueños y buscaban formas prácticas de trasladarlos a la realidad. Los gobernadores compartían el fervor que se había apoderado de la población y utilizaban su poder para facilitar la creación de los grupos y apoyarlos. Por ello, seguían en el poder y no pensaban abandonarlo. Era demasiado excitante lo que ocurría y lo último que deseaban era detenerlo. Así que habían declarado la independencia de los planetas sin saber si eso les costaría la anulación, de manera que se hallaban reunidos y todos juraron solemnemente defender la nueva forma de vida que estaba apareciendo.

Cuando recibieron al emperador y a los gobernadores de los planetas se dieron cuenta de que el general en jefe no los había acompañado. Eso sólo podía significar una cosa: estaban en grave peligro.

IV

ACONTECIMIENTOS IMPORTANTES

Al tocar el suelo de Cuádruplex, Execut Alcántico comprendió que había cometido un grave error y era demasiado tarde para remediarlo. En el ambiente flotaba una energía que lo aterró por su intensidad. Si en la Tierra se sentía extraño a sí mismo y le costaba trabajo conciliar el sueño, allí, cerca de los flujos perturbadores, su cuerpo lanzó una llamada de auxilio. Al saludar a Manintrako Pintifaya le temblaron las manos y un violento escalofrío lo atravesó de pies a cabeza. El gobernador de Cuádruplex notó la alteración del emperador e instintivamente volteó la cabeza para averiguar si otros gobernadores se habían percatado de ella. Solamente la madre emperatriz se dio cuenta del sufrimiento de su hijo. Se colocó a su lado y lo tomó del brazo. Los visitantes fueron conducidos al palacio del gobernador y albergados allí. Una vez solo, el emperador mandó llamar a Mindrido y le explicó lo que le sucedía.

—No lo soporto —se quejó—, me siento atrapado en una trampa que yo mismo activé. El anciano tutor trató de calmarlo como cuando Execut era un pequeño niño, pero sin resultado. Lo acompañó durante ocho horas mientras su cuerpo lanzaba gemidos de dolor y angustia.

En dos horas más se iniciaría el congreso y el emperador de la galaxia no había podido dormir y parecía a punto de colapsar. Todo su cuerpo temblaba y no era capaz de articular palabra alguna. Mindrido lo dejó a cargo de la madre emperatriz y tomó su lugar en la ceremonia inaugural. Notó la ausencia de cinco gobernadores de los planetas centrales, así como la palidez y las ojeras en los rostros de los otros y por primera vez pensó que Flakma había sido el más sensato de todos. Escuchó el discurso de Manintrako Pintifaya reafirmando la independencia de los quince planetas periféricos, pero al mismo tiempo su deseo de una convivencia pacífica con el resto del imperio.

Xint, de Gamatrón, subió al estrado y habló en nombre de los planetas centrales. Dijo que el imperio nunca había impedido la libertad de ninguno de sus súbditos y pidió a los planetas periféricos una reconsideración de sus deseos de independencia. Adujo razones estratégicas y morales para preservar la unión galáctica en un clima de respeto planetario, pero con una continuidad de la guía imperial. Los discursos se sucedieron uno tras otro y al final de la sesión quedó claro que los gobernadores independientes no cederían, pero aceptaban el establecimiento de tratados de mutua colaboración.

Al terminar la sesión, Mindrido fue a informarle al emperador de los resultados y lo encontró postrado en cama con su madre al lado. Violentos espasmos recorrían su joven cuerpo y una palidez de muerte emanaba de su rostro. Allí mismo se decidió trasladarlo a la Tierra con los otros cinco gobernadores que no habían asistido a la sesión inaugural.

V

CEREMONIA DE CLAUSURA

El congreso terminó de la misma forma que había sido iniciado. Se ocultó el colapso del emperador, pero todos sabían que su súbito retorno a la Tierra era debido a su imposibilidad de soportar la perturbación hipercámpica de Cuádruplex. Durante la ceremonia de clausura la imagen holográfica del emperador apareció flotando a la mitad del auditorio. Se le veía pálido y agotado, aunque ya sin temblores. A sus espaldas se encontraba el general Flakma Escopitur. El emperador vestía un traje ceremonial verde plateado y su cara joven de ojos azules y boca firme tenía una expresión grave y adusta. Se dirigió a los delegados, al congreso, principalmente a los gobernadores de los planetas periféricos. Les dijo que admiraba su amor a la libertad y que esa misma convicción era la que anhelaba el imperio, pero les advirtió que no toleraría la independencia que habían proclamado.

—¡El imperio debe permanecer unido y luchando juntos en contra de las perturbaciones lanzadas por sus enemigos! La independencia y las desuniones son inaceptables —concluyó.

En seguida habló Flakma Escopitur, vestía el uniforme de general en jefe y les lanzó un ultimátum:

—Tienen setenta y dos horas para derogar los decretos de independencia —les anunció con voz tronante—, de no hacerlo así sufrirán las consecuencias.

La comunicación hiperespacial se interrumpió y un silencio mortal se adueñó del congreso galáctico. Los gobernadores de los planetas centrales, Mindrido, la madre emperatriz y sus hijos abandonaron el salón de conferencias.

VI

FUSIÓN CUÁNTICA

Se realizaron asambleas en todos los planetas periféricos y la población decidió no ceder. Cuando venció el plazo del ultimátum, el emperador fue enterado de que habían decidido mantener la independencia. Tres bombas de fusión cuántica fueron lanzadas hacia el sistema solar de Cuádruplex desintegrando tres de los cuatro soles que alumbraban al planeta. Los habitantes de Cuádruplex observaron atónitos cómo su cielo se cubría de fuegos artificiales de todos los colores y por primera vez en la historia del planeta, una noche sucedió lo que había sido un día permanente y eterno. Al día siguiente, el emperador lanzó otro ultimátum en el que advertía que, de no someterse al imperio, el último sol de Cuádruplex también sería destruido.

VII

EL ROBO

Antuna Pintifaya, la embajadora de Cuádruplex, pidió una audiencia privada con el emperador. Traía un mensaje de su padre y del pueblo de Cuádruplex para Execut Alcántico.

El monarca la recibió en el salón de embajadores y cuando la embajadora se acercó, el emperador advirtió un brillo extraño en sus ojos. El monarca llevaba el diamante de Azur colgado de una cadena en su cuello y pensó que el brillo era debido a una reflexión de la luz en alguna arista del cristal. Antuna hizo una reverencia ante el emperador, quien extendió los brazos para abrazarla de acuerdo al protocolo imperial. La embajadora rozó la mejilla del monarca y con un rápido y seguro movimiento tomó el diamante en sus manos y utilizándolo como sostén lo jaló hacia sí, derrumbando al emperador. Sin darle tiempo de recuperarse de la sorpresa, apretó el collar con todas sus fuerzas ahorcando a Execut Alcántico. Después, desprendió el diamante y utilizándolo como arma desnucó al emperador, quien cayó muerto a sus pies.

Abandonó el salón cerrando la puerta y se dirigió a su transportador hiperespacial, el cual, tras unos minutos, la desembarcó en Cuádruplex. Se dirigió al palacio gubernamental donde la esperaba su padre, quien al verla suspiró con alivio. Se abrazó a él y no pudiendo contener el llanto cayó desmayada.

VIII

LA NOTICIA

La noticia del asesinato del emperador de la galaxia atravesó como un rayo toda la extensión de la Vía Láctea. La madre emperatriz asumió el mando temporal del imperio y su primera medida consistió en arrestar al general Flakma Escopitur y aceptar la independencia de los planetas periféricos.

Días más tarde y en una ceremonia a la que asistió Mindrido y los treinta y cinco gobernadores de los planetas centrales, el primogénito de Situs Nonágeno Alcántico fue coronado emperador de la galaxia bajo el nombre de Ninfido Nonágeno Alcántico.

SEXTA PARTE

I

MIS ACONTECIMIENTOS

Dos meses después de la coronación del emperador Ninfido Nonágeno Alcántico, el general Flakma Escopitur se suicidó ahorcándose en el interior de la cárcel en la que se hallaba recluido. Tres años más tarde, Mindrido murió y sus cenizas se esparcieron en todos los océanos de la Tierra tal y como era la tradición para los tutores imperiales.

En el año 48260, se celebró el XXV aniversario del reinado último del emperador de la galaxia. A la independencia de los países periféricos se habían sumado treinta planetas centrales y los cinco restantes habían decidido hacer lo mismo durante el último congreso galáctico. La galaxia dejó de tener un gobierno imperial y el único planeta donde gobernaba Ninfido era la Tierra.

La madre emperatriz y su hija habían emigrado a Cuádruplex enrolándose en una de las academias de estudio que se establecieron en ese planeta.

II

DIOS EN CORAZÓN

Lord Pimental se reunió con los doce representantes de las tribus y juntos se dirigieron a la cúpula dorada. Al entrar en ella, Lord Pimental notó que no estaba vacía como antes. En su centro brillaba una luz dorada con una intensidad enorme. Le preguntó a Mandruk acerca de su significado y este le dijo que era el trono sagrado del mesías. Le volvió a preguntar acerca de su ausencia cuando por primera vez lo había trasladado allí y Mandruk rio encantado ante el cuestionamiento.

—Siempre ha estado allí —le dijo jubiloso—, pero tú no estabas preparado para verlo.

Se acercaron a la luz dorada de la cual surgía una voz serena y tierna, pero a la vez potente y profunda.

—Veo que ya eres capaz de verme. La primera vez que llegaste aquí te llamé, pero no respondiste, viste vacío y soledad, aunque mi luz se hallaba frente a ti. Has cambiado y estás preparado para retornar a tu galaxia. Tu gente también lo está, pero necesita tu guía porque todavía no puede ver mi luz igual que tú.

Una figura hacia la derecha del trono avanzó hacia Lord Pimental. Mandruk le dijo que se trataba del Besht y que había sido elegido por el mesías para darle las instrucciones finales antes de su regreso. Una voz diferente de la que surgía del trono del mesías llenó la cúpula, era la del Besht y su tono era igual de tierno que la de aquel, pero menos profunda y poderosa.

—Te saludo con cariño —le dijo el Besht—, el tiempo ha llegado para que el maestro retorne porque todos están listos para verlo aparecer en el interior de la mente de los humanos y tú debes abrir esa mente para que logren unir su libertad de voluntad con la omnisciencia. Deben saber que Dios es uno y se le encuentra en todo, pero su lugar predilecto es el corazón del ser humano. Ve, cumple tu misión y que Dios y su Shekinah te acompañen.

Lord Pimental no se despidió de Mandruk y de sus once compañeros sabiendo que siempre estarían con él. Miró la luz dorada del mesías, se llenó de ella y después desapareció de la cúpula.

III

COMPARTIENDO SABIDURÍA

La noticia del retorno de Lord Pimental a Cuádruplex se esparció por todas las academias. Fue recibido como un héroe y se esperaban grandes enseñanzas de él.

Durante varias semanas se apartó en su isla, en el polo norte del planeta. Tuvo que acostumbrarse al frío y a la oscuridad de las noches. Recordó la destrucción de los tres soles de Cuádruplex ordenada por el joven Execut y acatada por Flakma Escopitur y sacudió la cabeza con pena. Habían sucedido demasiados acontecimientos durante su ausencia y ni su planeta ni el resto de la galaxia eran los mismos que antes. El uso de cristales era cosa del pasado, lo mismo que la direccionalidad del hipercampo apuntando hacia el emperador. Una apertura y fluidez extraordinarias se habían apoderado de los habitantes de la galaxia como si simultáneamente se hubiesen despertado de un sueño hipnótico. Una avidez extraordinaria de conocimientos matizaba la conciencia humana de Lord Pimental, sabía que las mentes y los ojos de millones de seres estaban puestos en él. No había nadie, en toda la extensión de la galaxia, que tuviera su experiencia y contacto con los seres extragalácticos ni nadie que supiera más acerca de ellos y los estados de sus conciencias.

Su responsabilidad era enorme y dedicó su aislamiento a organizar un plan de acción que le permitiera compartir lo que sabía. Se entrevistó con los principales dirigentes de las academias y escuchó, de sus labios, un relato que acontecía y logros que habían alcanzado. El proceso parecía una copia de lo mismo que él había sufrido, desde los espasmos motores, los escalofríos, el ascenso de las oleadas de calor y luego las visiones y enseñanzas, pero ocurriendo en millones de personas. Los principales aprendizajes habían ocurrido durante el sueño y muchos hablaban de haber encontrado en ellos seres extraordinarios que les hablaban y los guiaban. En cada uno la guía era diferente y ajustada a su propia individualidad.

De hecho, la enseñanza tenía como resultado la activación de formas peculiares, ser distintas unas de las otras y con capacidad de manifestarse sin bloqueos. Una riqueza inmensa de individuos libres y armoniosos poblaba la galaxia, pero los más adelantados eran los habitantes de los planetas periféricos, los primeros en haber obtenido la independencia y en quienes la intensidad de hipercampo extragaláctico era mayor. Ya no se requería la modulación humana y posterior reflexión de los influjos hipercámpicos, provenientes de la otra galaxia, sino que estos interactuaban en forma congruente con cada campo neuronal individual sin necesidad de intermediarios. La modulación a través de Lord Pimental solo había servido al principio de las perturbaciones, ahora su misión era otra y se los hizo saber a los directores de las academias.

La aparición de la individualidad era, desde luego, el primer eslabón del desarrollo. Eso pensó Lord Pimental después de hablar con los directivos de las academias, pero era un paso que debía conducir a otro de mayor expansión y profundidad. La identidad debía trascender para ser incluida en la vivencia de la unidad.

En la siguiente reunión de las academias, Lord Pimental propuso que se practicara la observación de la individualidad como técnica de desarrollo. Explicó que eso sería el desarrollo de la trascendencia.

—El observador es uno e incluye a todo lo observado —les dijo—, por eso nos acercará a Dios, pero la observación no basta, solo actúa como guía para reconocer que nada es absoluto excepto Dios.

Después, Lord Pimental contestó a sus preguntas, todos querían saber qué sucedía en la galaxia lejana y qué conciencias imperaban en ella.

IV

ANTUNA Y LORD PIMENTAL

Manintrako Pintifaya seguía gobernando Cuádruplex a pesar de su avanzada edad. Había sido suficientemente hábil para acompañar los cambios en la conciencia de los habitantes del planeta, no solo sin interferir con ellos sino apoyándolos y ayudando a crear academias y grupos de estudio. Les había solicitado ayuda a los gobernadores vecinos para adaptar el planeta a la existencia de un sol en lugar de cuatro con todo lo que esto implicaba en términos energéticos. Sus esfuerzos habían sido coronados por el éxito y esa era otra de las razones que lo habían mantenido en el poder. Por otro lado, nadie estaba interesado en gobernar, por lo que no habían surgido competidores. Sus funciones eran más bien administrativas que controladoras y eso le había permitido cierta tranquilidad y tiempo libre, que utilizaba para estudiar. Su principal preocupación era su hija, la que nunca se había logrado sobreponer al hecho de haber asesinado al emperador de la galaxia. Antuna Pintifaya vivía en el palacio del gobernador ocupando uno de sus pisos en casi total aislamiento, solo veía a su padre y sufría frecuentes crisis emocionales.

Cuando Antuna se enteró del regreso de Lord Pimental se comunicó con él pidiéndole una entrevista. Habían quedado de reunirse en su isla y Antuna no quería que alguien más estuviera presente. Se vieron al atardecer y se saludaron sin tocarse y durante varios minutos permanecieron en silencio sentados frente a frente en unas sillas que Lord Pimental había colocado en el jardín junto al muelle. Se oía el canto de unos pájaros y el breve murmullo del agua oscilando en la orilla de la isla. La cara de Antuna mostraba las huellas de la edad y las profundas arrugas de sus ojos evidenciaban años de sufrimiento y lágrimas. Su cabello antaño rubio estaba surcado de canas, pero seguía siendo hermosa y de cuerpo firme y bien proporcionado. Había cometido el único asesinato en la historia del imperio galáctico y aunque Lord Pimental trató de evitarlo, imágenes de Execut Alcántico aparecieron en su mente mientras la embajadora de Cuádruplex lo ahorcaba.

—Lo sé —dijo súbitamente Antuna mientras se tapaba los ojos—, te estás imaginando la escena, por eso he permanecido sola y sin querer ver a nadie.

—Perdóname, por favor —replicó Lord Pimental disculpándose y sintiendo que Antuna había desnudado su mente—. Fue un acto terrible pero necesario y debes perdonarte por haberlo cometido.

—Jamás podré hacerlo —respondió la mujer—, mira mis ojos, he llorado tanto que siento que se han secado, he suplicado perder la memoria, acabar con mis sentimientos y no ha servido de nada. Era una persona ecuánime totalmente libre de emociones y ahora no puedo controlar la tristeza ni la melancolía y la culpa me persigue aun en sueños.

Lord Pimental sintió un nudo en la garganta y una gran compasión se apoderó de su corazón. Sin poder evitarlo se levantó de su asiento, abrazó a Antuna y le acarició el cabello mientras ella empezaba a llorar. El único sol de Cuádruplex rozó el horizonte y de la superficie del agua se desprendieron llamaradas anaranjadas. Lord Pimental tomó la barbilla de Antuna y besó su boca. La mujer se apartó ligeramente, vio los ojos de Lord Pimental y se abandonó por completo.

V

CONVIVENCIA PLENA

Antuna regresó al palacio de su padre, pero no pudo dejar de pensar en Lord Pimental. Se sintió libre de su tristeza, el amor había desplazado su melancolía y en su lugar sentía que su corazón rebosaba de sentimientos dulces y placenteros. Era una experiencia notable, como si algo de una hermosura total se hubiese apoderado de su pecho. No lo pudo resistir y a los dos días se presentó en la isla y se quedó a vivir en ella. Las delegaciones de las academias iban y venían para realizar consultas con Lord Pimental. Antuna lo ayudaba organizando las reuniones y viendo que ningún visitante se fuera con las manos vacías.

Junto al puente siempre había mesas con alimentos, bocadillos y bebidas refrescantes preparadas por Antuna. En las tardes, ella y Lord Pimental se sentaban a contemplar su reflejo en el agua y la puesta de sol, mientras Antuna hacía preguntas y Lord Pimental las contestaba y le relataba todo lo que había vivido durante su exilio en la galaxia lejana. En las noches dormían abrazados y una luz dorada descendía y los cubría llenándolos de amor y dulzura. Lord Pimental la identificó como la Shekina, la presencia femenina de Dios, y se dio cuenta de que estaba cumpliendo, en la unión con esa mujer, una de las instrucciones del Besht. Las otras las iban revelando poco a poco a los directivos de las academias de acuerdo con los avances que le reportaban.

Las academias se comunicaban unas con las otras en todos los planetas y pronto empezaron a organizar reuniones a las que asistían cientos de delegados. Una serie de interacciones se empezó a extender a todo lo largo y ancho de la Vía Láctea y una verdadera edad de oro empezó para el ser humano de la galaxia.

SÉPTIMA PARTE

I

DESVANECIMIENTO PLANETARIO EN CADENA

El año 50000 se avecinaba y la luz dorada del mesías resplandecía en todos los corazones de los seres humanos de los cincuenta planetas habitados en la galaxia. El hombre se preparaba para "el gran viaje" siguiendo el ejemplo del gran planeta Cuádruplex, el cual se había esfumado en el plano físico con todos sus habitantes. Señales inequívocas de que lo mismo sucedería en el resto de los planetas se habían empezado a notar en forma de una luminosidad semitransparente que cada hora se hacía más brillante y etérea.

Solamente la Tierra mantenía su solidez física mientras giraba alrededor del sol. Los astrofísicos terrestres observaban fascinados el fenómeno, pero no eran capaces de explicar sus causas. La desaparición de Cuádruplex había sido súbita pero no se debió a una explosión de fusión o a una colisión espantosa con algún otro objeto estelar. Habían seguido con atención sus cambios de luminosidad hasta que de pronto su imagen se desvaneció de todos los telescopios. Cambios similares se observaron en los demás planetas habitados, pero ninguno había enviado llamadas de auxilio, como si lo que ocurría en ellos fuera normal y hasta beneficioso. Los científicos de la Tierra enviaron mensajes ofreciendo apoyo, pero la única respuesta fue una petición de no intervención de parte de todos los planetas. Lo que se denominó "desvanecimiento planetario en cadena" comenzó a suceder tres meses después de la desaparición de Cuádruplex. Se inició en los planetas periféricos y en un lapso de dos semanas alcanzó a los centrales hasta que abarcó a todos. Junto a ello, la perturbación hipercámpica también se desvaneció. El hombre desapareció de la Vía Láctea a excepción de la Tierra.

II

LAS PANDILLAS

Rosea se despertó a las cuatro de la mañana asustada por lo que había soñado. En realidad no había podido dormir bien y un dolor de espalda la atormentaba. Desde hacía tres meses sus sueños se veían plagados de imágenes de soledad y aislamiento y lo único que podía relacionar con sus contenidos eran las noticias acerca de las misteriosas desapariciones de los planetas habitados en la galaxia. Sus amigos y conocidos sentían algo parecido, como si un sostén interior hubiese desaparecido dejándolos a todos en una oscuridad y un vacío carente de esperanza.

Entonces, empezó a ocurrir algo inconcebible y nunca antes visto: miles de jóvenes se reunieron formando pandillas de asaltantes que destruían todo lo que la sociedad terrestre consideraba de valor. Las ciudades fueron saqueadas, las casas incendiadas y miles de casos de violación sexual y abusos aparecían diariamente anunciados en los videohologramas.

Rosea, al igual que millones de mujeres, no se atrevía a salir a la calle de noche y en el día se hacía acompañar por sus hermanos o padres. Pero lo más espantoso empezó a suceder cuando apareció el mutante.

III

EL MUTANTE

La reunión se llevó a cabo en el gran Auditorio de Artes Visuales de Melbourne, Australia. Los asistentes eran los líderes de las pandillas de todo el planeta y debían presentarse totalmente vestidos de negro y rapados. El mutante en persona aparecería ante todos y dirigiría un mensaje.

Nadie sabía de dónde provenía ni de dónde había obtenido su poder. Era alto, delgado y totalmente lampiño. Ni siquiera tenía pestañas y su cráneo gigantesco, totalmente liso y redondo le daba una apariencia extraña, pero lo más raro eran sus ojos, que cambiaban de color dependiendo de sus estados de ánimo. En ocasiones eran verdes cuando sus emociones estaban acalladas y sus apetitos sexuales saciados. Cuando estallaba en cólera se volvían amarillos y cuando lo acometía la verdadera furia se transformaban en color de hierro al rojo vivo. Sus orejas eran diminutas y su boca parecía una línea monstruosamente larga enmarcada en labios sensuales. Pero su apariencia no era lo más temible en él, sino su capacidad sobrehumana de activar emociones incontrolables en todo aquel en quien fijaba su mirada. Las mujeres se entregaban a él embargadas en una excitación sexual maniaca y los hombres hacían lo que les ordenaba, sin importar si sus actos contradecían todos sus valores. Era capaz de captar los impulsos más escondidos de las grandes multitudes que se aglomeraban para verlo y oírlo. Su voz poseía una gama tonal amplísima, desde la vocalización más grave y profunda hasta los agudos más chillantes. Quien lo oía comenzaba a vibrar por dentro, como si los sonidos que emitía activaran sus vísceras haciéndolas trepidar en arrebatos oscilantes que seguían los cambios de tonalidad de su discurso. Nada en la mente humana se le ocultaba y percibía los más sutiles sentimientos apropiándose de ellos y haciéndolos saltar de sus límites. Toda represión era captada por él, hacía estallar los diques inhibitorios que la contenían, desbordando sus contenidos hasta que todo el cuerpo se saturaba de deseos por hacer cumplir lo prohibido, lo mantenido en control.

El auditorio estaba repleto y cuando se anunció la entrada del mutante todos contuvieron la respiración y se prepararon para el choque que los esperaba. Se activaría allí, en cada uno, lo no conocido en sí mismos, lo oculto y lo inconsciente.

Por fin apareció sobre una plataforma antigravitacional. Vestía de negro como todos y su cabeza no tenía ni un solo cabello, como el de todos. Una ola de sentimiento de identidad se apoderó de la audiencia y cada uno trató de captar su mirada deseando hacer salir, sin bloqueos, lo que nunca había emergido.

Los ojos del imitante emitían una tonalidad amarillenta cuando comenzó a hablar en un tono agudo, casi como de mujer.

—Los saludo, hermanos míos, y les doy la bienvenida. —Un silencio repleto de descargas emocionales intensas siguió al saludo mientras el imitante hacía girar la plataforma y fijaba sus ojos en todas las secciones del auditorio—. Ustedes han sido engañados y lo mismo sucedió con sus padres y abuelos, pero el tiempo de recuperar la verdad ha llegado. No es el control sino la libertad que redime. Salid de aquí y traedme doncellas recatadas con toda su basura aprisionada dentro y les mostraré el resultado de cincuenta mil años de controles y la solución para recobrar la libertad.

Después de su orden, una agitación inmensa se apoderó de los jefes de las pandillas, quienes se apresuraron a salir a las calles a buscar presas para el imitante. Ríos negros de cabezas rapadas emergieron del auditorio y comenzaron a arrasar la ciudad.

Jovencitas de quince a dieciocho años fueron encontradas en sus casas y llevadas a la fuerza al auditorio. Los padres que se oponían eran golpeados y si respondían a los golpes sus hogares eran quemados con ellos dentro. Algunos líderes de bandas no soportaron su excitación y trece muchachas fueron dejadas tiradas en las banquetas después de ser violadas varias veces. Cuando llevaron a las restantes ante la presencia del imitante, este llameaba a través de sus ojos con un tono anaranjado subido.

Las jóvenes fueron colocadas, una tras otra, sobre la plataforma y al ver al imitante comenzaron a llorar, pero este les levantaba la cara y cuando las veía directamente a los ojos, una transformación absoluta se apoderaba de ellas, su respiración se aceleraba y se empezaban a desnudar rogándole al imitante poseerlas sexualmente. Este lo hacía primero con una suavemente y después aumentando la fuerza y la frecuencia mientras la joven pedía por más. Treinta y ocho adolescentes pasaron a la plataforma y cada una de ellas se desenvolvió en forma diferente, sin control alguno y haciendo todo lo que el imitante deseaba. A medida que continuaba el espectáculo, los ojos de este iban cambiando de color hasta que al terminar cambiaron a verde cristalino y plácido. Entonces, dirigió un discurso final ante los líderes, les dijo que la paz era el producto de la destrucción y esperaba que ellos lograran mantener la misma tranquilidad que él había conquistado.

—Id a todas las regiones, comunicad mi mensaje, hacedlo igual que yo, siguiendo mi mejor ejemplo.

IV

AGUA TRANQUILIZANTE

El planeta todo entró en terror, barricadas fueron instaladas en cada continente y en todos los pueblos y ciudades. Poblaciones enteras se cubrieron de cúpulas protectoras mientras las pandillas buscaban formas de llegar a la tranquilidad.

Rosea, junto con otros miles de personas, se había refugiado en el balneario de Maputo en Mozambique. Ocupaba una extensión de cien kilómetros cuadrados y había sido cubierto con una cúpula gigantesca a prueba de pandillas. En su interior, motores gigantes inyectaban agua de mar, previamente desalinizada y purificada, a lagunas artificiales, cascadas y ríos. La temperatura del aire era cálida y el agua cristalina fluía en corrientes que acariciando los cuerpos de los bañistas producía en ellos una sensación de tranquilidad que los hacía olvidar lo que acontecía afuera. Unas rocas planas, situadas a cuarenta centímetros por debajo de la superficie del agua, era el lugar preferido de Rosea. Se acostaba en ellas y dejaba que el agua la cubriera. Un mecanismo pulsante aumentaba y disminuía en intervalos variables, la profundidad de las rocas sumergiendo el cuerpo de Rosea por instantes y llevándolo a la superficie para permitirle la respiración. Era como un arrullo materno y sumía a quien lo utilizaba en una experiencia regresiva agradable.

V

EL MUTANTE DE NUEVO

El mutante anunció una segunda reunión que se celebraría en el archipiélago de Sualbad, en Noruega. La isla de Spitsbergen vio llegar a miles de pandillas que habían traído consigo cientos de prisioneros. Estos temblaban de frío mientras eran acomodados en un anfiteatro. El mutante había dado órdenes de que se mezclaran drogas afrodisiacas en sus alimentos y que convivieran hombres y mujeres completamente desnudos. Además de agua debió darles de beber alcohol durante cinco días consecutivos. El anfiteatro no tenía ni baño ni inodoro, de tal forma que se esperaba que defecaran en el piso y drogados y alcohólicos cayeran en conductas degradantes y orgías desesperadas.

El día de la aparición del mutante, los prisioneros fueron colocados en el centro de un enorme estadio en el interior de una jaula construida exprofeso. Sucios y borrachos, peleaban entre sí para obtener a las mejores hembras mientras se masturbaban constantemente. Los integrantes de las pandillas observaban el espectáculo fascinados con la degeneración que aparecía a su vista y que ellos mismos habían estimulado. Cada vez que una mujer era violada estallaban en un griterío profiriendo sonidos obscenos y vociferando en un lenguaje cargado de agresión y sensualidad. De pronto, todas las luces fueron apagadas y el mutante apareció flotando sobre su familiar plataforma antigravitacional, colocando la plataforma exactamente encima de la jaula. El mutante ordenó el encendido de las luces y así todos pudieron ver el color de sus ojos en tonos violetas fosforescentes. Poco a poco la plataforma fue descendiendo hasta que se quedó flotando a dos metros por encima de la jaula. El mutante volteó a ver el rostro de los miembros de las pandillas electrizando el ambiente con una energía cargada de una emoción de placer primario mezclada con devoción. Las caras rapadas de los integrantes de las pandillas se sonrojaron y, después de un silencio expectante, un rugido tremendo salió de sus gargantas. Le pedían al imitante hablar y este accedió casi al instante.

—Hermanos míos —les dijo en un tono medio—, este momento es sagrado, este lugar es sagrado y ustedes son los elegidos.

Las masas de las pandillas se levantaron de sus asientos como impulsados por resortes invisibles y, como si se hubieran puesto de acuerdo, todos comenzaron a silbar la melodía que habían escogido como su himno. El imitante sonrió y su expresión enardeció los ánimos e hizo aumentar el volumen de los silbidos hasta que estos se volvieron insoportables. Mientras tanto, los cautivos con ojos desorbitados se tapaban los oídos y comenzaron a gritar desesperados. El espectáculo era dantesco y todos se percataron de que el color violeta de los ojos del imitante estaba cambiando a colores rojizos. De pronto, un grito tremendo salió de su garganta dejando helados a todos y sumiéndolos en un silencio tenso, solo interrumpido por los gritos de la jaula. El imitante volteó a ver a los prisioneros y su mirada los excitó a tal grado que iniciaron una orgía sin inhibiciones y controles. El imitante veía los cuerpos desnudos penetrándose unos a los otros en una confusión de muslos, pechos y genitales mientras sus ojos resplandecían en tonos rojos y anaranjados.

—Ved lo sagrado —gritó en un tono agudísimo—, ved el resultado de 50 000 años de estructuras —dirigiéndose a los cautivos les ordenó con una voz tronante—, encontrad lo divino en su inmundicia, buscad a Dios en su libertad.

VI

LA PREOCUPACIÓN DE CAUTON

El tataranieto de Ninfido Nonágeno Alcántico, Cauton Alcántico, vivía en el palacio de sus antepasados reinando sobre el planeta Tierra. Su tutor se llamaba Ipso Degenarus y lo asesoraba en todo lo relacionado con el gobierno y las instituciones planetarias. Ambos habían observado el "desvanecimiento planetario en cadena" desde un telescopio especial instalado en una estación orbital y juntos se habían percatado de la desaparición de las corrientes hipercámpicas provenientes de la galaxia lejana. Desde la muerte del último emperador de la galaxia y cuando ya todos los planetas eran independientes, la perturbación hipercámpica había disminuido en intensidad y ahora esta se había anulado por completo.

Coincidiendo con ello, habían aparecido las pandillas y después el imitante. Cauton Alcántico no sabía qué hacer con esos jóvenes rapados y vestidos de negro que cada vez se multiplicaban en número y atrocidades. Al principio, él había supuesto que desaparecerían por sí solos como un fenómeno pasajero al que no había que prestar mucha atención, pero los informes que recibía contradecían sus suposiciones y la aparición del imitante lo tenía preocupado.

VII

EL MUTANTE, TERCERA REUNIÓN

La tercera reunión del mutante se realizó en Nueva Zelandia a pocos kilómetros de Dunedin, en donde Cauton Alcántico poseía su palacio de verano. Se mantuvo secreta y solo conocida por los principales líderes de las pandillas, quienes se habían trasladado allí sin acompañantes. El día fijado, el mutante apareció vestido como emperador y por primera vez interpeló a sus jóvenes seguidores llamándolos hijos y no hermanos.

Sus ojos eran color escarlata, igual que la túnica que cubría su vestimenta negra.

—Hijos míos —les dijo con un tono de voz profunda—, ha llegado el día esperado, ustedes serán testigos del acontecimiento y después se lo relatarán a sus hermanos.

Les repartió plataformas antigravitacionales y les ordenó seguirlo. Flotando llegaron a las puertas del palacio, en donde bastó una mirada penetrante del mutante para que los guardias las abrieran dejando pasar a todo el grupo. Se dirigieron directamente a los aposentos del emperador de la Tierra y tal y como había sucedido en la entrada del palacio, les dieron acceso a la recámara real. Cauton Alcántico saltó de la silla donde estaba sentado y se encontró cara a cara con el mutante, quien lo traspasó con la mirada. El emperador empezó a temblar sin poder apartar la vista de aquellos ojos escarlata que parecían echar chispas, entrando a su mente e impidiéndolo moverse sin proferir palabra alguna. El contacto visual se prolongó durante varios minutos mientras los líderes de las pandillas observaban anonadados la inmovilidad del emperador.

Satisfecho, el mutante comenzó a hablar sin dejar de ver directamente a los ojos de Cauton.

—Conozco tus deseos —le dijo con voz más penetrante— y no puedo negarme ante ellos. Sé que deseas regalarme el diamante de Azur y lo debo aceptar agradeciendo tu nobleza.

Como si un freno hubiese resbalado de su lugar, la cabeza del emperador se ladeó de un extremo a otro y acercando sus manos a su cuello tomó el collar que sostenía el diamante y se lo ofreció al imitante. Este extendió sus brazos, pero no lo tomó en sus manos.

—¡Debe salir de tu propia boca! —le ordenó a Cauton, quien pareció recordar algo y después empezó a hablar.

—Es mi deseo más profundo regalarte el diamante de Azur.

El imitante se lo arrancó de las manos con un gesto rápido y autoritario y se lo colocó en su cuello. Volteó a ver sus a sus seguidores adoptando una postura de triunfo y ellos lo vitorearon. Miró de nuevo al emperador, pero ahora el tono de sus ojos se había vuelto violeta claro.

—¿Cuál es tu siguiente deseo? —Cauton Alcántico volteó a ver a los líderes de las pandillas, quienes lo rodeaban. Uno de ellos le hizo un gesto obsceno que fue imitado por los demás en medio de estruendosas carcajadas—. ¡Silencio! —demandó el imitante en un tono sarcástico—, esperamos tu respuesta, ¿o es que no deseas algo más?

El emperador se aclaró la garganta y evitando voltear a su alrededor dijo en un tono de súplica:

—Deseo entregarte el trono y todas mis posesiones.

—Ya veo —le contestó el imitante—, pero dime, ¿cuán poderoso es tu deseo?

El emperador cayó de rodillas y le suplicó que aceptara lo que pedía. El imitante volteó a ver a los líderes de las pandillas y después a Cauton arrodillado ante él.

—No puedo cumplir con tu deseo porque no es justo con mis hijos. También ellos deben ser incluidos como parte de mi corte imperial y tú mismo deberás elegir a mi tutor y a mi general en jefe y anunciarlo públicamente, ¿lo harás? —El emperador lo dudó por un instante y el imitante lo tomó por los hombros y lo miró a los ojos, mientras los suyos subían de tono hasta volverse de un rojo intenso—. ¿Lo harás? —le gritó en un tono demandante.

Cauton Alcántico avanzó unos pasos y designó al tutor y al general en jefe y después activó el sistema de comunicación planetario y dio la noticia.

VIII

ENTRE PANDILLAS

En el palacio de Dunedin permanecieron el imitante y el general en jefe junto con toda la familia real. Los demás líderes de las pandillas, portando sendas cartas imperiales, regresaron a sus territorios y comunicaron los eventos a sus compañeros. Las pandillas ocuparon los edificios administrativos y de gobierno junto con todos los palacios y las demás posesiones de la dinastía Alcántica.

La Tierra entró en caos, las pandillas saquearon todos los almacenes del planeta y obligaron a la población a pagarles tributos a los que utilizaban para organizar sus reuniones y fiestas interminables. Grandes peregrinaciones de jóvenes rapados y vestidos de negro se organizaron para visitar al imitante en su palacio de Nueva Zelandia. El nuevo emperador los recibía a todos y les daba instrucciones; debían cumplir todos sus deseos, costara lo que costara, pues eran sus hijos y ahora los dueños de la tierra. Los grupos regresaban a sus lugares de origen incrementando los tributos, violando doncellas, quemando las bibliotecas y museos. Los que se oponían a sus deseos eran mutilados después de horribles torturas y cuando lograron someter a la población empezaron a luchar entre sí.

Empezó a suceder poco a poco, derivados entre una disputa entre los líderes o motivados por la avaricia cuando una pandilla descubría que otras les había usurpado algún palacio o una porción de territorio que les correspondía. Las luchas entre las pandillas se convirtieron en verdaderas batallas en las que se utilizaba todo tipo de armas. El imitante, regocijado por lo que sucedía, solo intervenía de vez en cuando, si es que sus propios intereses se veían amenazados.

IX

EL ATENTADO

Rosea y sus amigas se reunieron en el bosque cercano de la ciudad en donde vivían. Cada una había salido a distinta hora de su casa, burlando así a las pandillas para que no adivinaran sus intenciones. La ciudad humeaba y las calles estaban llenas de basura y desperdicios. Las tiendas habían sido saqueadas mientras dos pandillas luchaban por conseguir el dominio del territorio. Treinta mujeres, además de Rosea, habían sido convocadas, pero solo veinte lograron llegar. El destino de las otras diez nadie quería adivinarlo, pero en sus mentes pasaron escenas de posibles violaciones y muertes.

Decidieron alejarse del lugar de la cita por temor a que alguien de las faltantes hubiera confesado la conspiración que tramaban. Caminaron varias horas hasta que encontraron una cueva y entraron en ella. Llevaban cargando mudas de ropa totalmente negra y utensilios para raparse los cabellos. Habían decidido disfrazarse imitando a las pandillas y peregrinar en busca del imitante, pero no para recibir instrucciones sino para asesinarlo. Se presentarían ante él como la primera pandilla formada por mujeres, lo seducirían y terminarían con su existencia. Sabían que el mutante leía las mentes y que con mucha facilidad descubriría en alguna de ellas sus verdaderas intenciones, pero confiaban en engañarlo y para ello se habían adiestrado durante meses. Cada una podía silenciar sus pensamientos hasta lograr un vacío mental completo y habían estudiado a las pandillas aprendiendo a imitar sus modales y lenguaje. Rosea dirigía al grupo y había logrado convencerlas de que era preferible la muerte antes que seguir soportando las atrocidades que ocurrían. Se cambiaron la vestimenta y en parejas se raparon unas a las otras. Rosea había ocultado un transportador aéreo que pertenecía a sus padres antes de que fueran asesinados y todas se dirigieron hacia el lugar en el bosque en donde se encontraba. Levantaron el vuelo y sesenta minutos después aterrizaron en Nueva Zelandia en un glaciar en medio de los Alpes del Sur. Caminaron por el bosque en dirección a Dunedin y en las afueras de la ciudad se confundieron con los miles de jóvenes que avanzaban hacia el palacio del mutante.

El emperador de la Tierra le asignaba a cada pandilla unos cuantos minutos para estimularlos con su mirada y en pocas ocasiones con su voz. Cuando les tocó el turno a Rosea y su "pandilla", el mutante, al darse cuenta de que eran mujeres, se levantó de su asiento y las miró atentamente. Les ordenó que se desnudaran y le mostraran sus deseos. Se acercaron a él y lo empezaron a seducir. El mutante, loco de lujuria, fue penetrándolas una tras otra y al acercarse a Rosea captó su intención de asesinarlo. Sus ojos brillaron intensamente al rojo vivo enfocados directamente en los de la mujer y lanzó una carcajada horripilante que dejó heladas y sin aliento a todas las conspiradoras.

Sin darles tiempo de reponerse, proyectó el deseo de asesinato hacia el grupo y observó con una sonrisa siniestra cómo se mataban entre sí.

X

MÁS MUERTE

La muerte y la destrucción reptaban en la superficie de la tierra y ningún paraje parecía haber podido escapar de la fuerza siniestra del mutante y sus ejércitos de oscuridad. Varias conspiraciones además de la de Rosea se habían organizado, pero todas ellas fallaron, haciendo que la fama del mutante se expandiera como ser invencible entre todos los habitantes. El general en jefe del dantesco emperador de la Tierra había logrado destruir todas las cúpulas protectoras y cuando el mutante sintió que ya no los necesitaba, asesinó a toda la familia real, al tutor Ipso Degenarus y a Cauton Alcántico después de una serie de torturas mentales que les hicieron perder la razón, volviéndolos locos. Antes del asesinato colectivo, grabó algunos videos holográficos con imágenes del exemperador —en un estado de absoluta demencia— y sus familiares, que se habían proyectado en todo el planeta. No había esperanzas y una ola colectiva de depresión se apoderó del ser humano.

OCTAVA PARTE

I

EL LABORATORIO

El Laboratorio de Estudios Submarinos de la Antártica (LESA), localizado en el fondo del mar y donde vivían veinte familias de científicos, fue el único lugar de la Tierra que permaneció libre de pandillas e ignorado por el imitante. Previo a los asesinatos, las mentes de Cauton Alcántico y de su tutor Ipso Degenarus fueron examinadas a fin de extraer de ellas información acerca de todos los programas de investigación que se realizaban en la Tierra, además de los secretos de la administración del planeta y de sus fuentes energéticas. El examen hecho sin recatos y utilizando la propia mente del imitante como instrumento enloqueció al exemperador y a su tutor. El programa de investigación submarina de la Antártica no se había revelado, simplemente porque tanto Cauton como como Ipso ignoraban su existencia.

El LESA era un complejo enorme de unidades habitacionales, generadores energéticos directamente acoplados con la lattice, de decenas de cápsulas gigantescas de procesamiento de alimentos, desalinización de agua de mar y producción de oxígeno. Su autosuficiencia estaba garantizada por un periodo de noventa y cinco años y contaba con edificios presurizados en los cuales se habían instalado gimnasios, bibliotecas, auditorios y escuelas para los niños y jóvenes hijos de los científicos. Un pequeño hospital y un cuerpo médico de notable capacidad participaba en los experimentos. Se dedicaban a explorar el fondo marino con la ayuda de submarinos automatizados y contaba con una central de comunicaciones capaz de recibir y enviar información a todo el planeta.

Horrorizados, los habitantes del LESA se enteraron de lo que acontecía en la superficie y evitaron ser detectados interrumpiendo toda transmisión de información y cubriendo todas las instalaciones con una malla electromagnética de reflexión. Durante diecisiete años estuvieron captando los acontecimientos y las batallas entre pandillas. Estas se habían recrudecido hasta convertirse en una verdadera guerra global, en la cual se usaron armamentos de fusión nuclear que terminaron por destruir a las mismas pandillas junto con la vida del planeta. Los acontecimientos sobrepasaron el poder de control del imitante y este había terminado por perecer víctima del mismo movimiento que había iniciado. Una nube de radiactividad letal flotaba en toda la atmósfera terrestre evitando la entrada de la luz solar y transformando todo lo que tocaba en un desierto inhóspito y helado. Los únicos seres vivos que sobrevivieron eran algunos insectos artrópodos y los seres humanos del LESA. Los mares fueron contaminados y solo en sus más oscuras profundidades el agua conservó cierto grado de pureza. Los instrumentos del LESA indicaban que la salida a la superficie iba a ser posible solo dentro de setenta años, lo cual coincidía con la autosuficiencia del complejo.

II

ESTRUCTURA DEL LESA

Cuando el mutante murió, junto con los seres vivos de la Tierra, los habitantes del LESA se reunieron en el laboratorio y juraron jamás permitir la aparición de títulos, jerarquías ni desigualdades entre ellos y así educar a las futuras generaciones. Nunca volverían a crear un gobierno con poder sobre los demás ni ninguna figura autoritaria alguna, llámesele emperador, rey, gobernador o mesías. Todo indicaba que ellos eran los únicos seres humanos vivos no solo de la Tierra sino de toda la Vía Láctea y posiblemente del universo entero. Durante varios años mandaron señales a la superficie y a las profundidades con la esperanza de que algún sobreviviente las recibiera, pero nunca fueron contestadas. Sondearon el mar mediante su equipo automatizado y lo único que encontraron fueron cadáveres de peces en descomposición. Solamente en los abismos más profundos, como en el que se encontraban, hallaron vida y por fin se convencieron de que estaban solos. Se dedicaron entonces a explorar y a desarrollar tecnologías adecuadas para asegurar su supervivencia cuando llegara el momento de regresar a la superficie.

III

EN EL INTERIOR DEL lesa

Gebrón se despertó sobresaltado por una cognición y se apresuró a anotarla en un pequeño registro electrónico que siempre llevaba consigo. Debía hacerlo antes de que la vigilia borrara su memoria onírica y lo logró. Se trataba del siguiente movimiento del juego de ajedrez que el Brakmo sostenía desde hacía tres semanas. Delgado imberbe, de un cráneo reluciente y solo adornado por una delgada peluca blanca, Gebrón sonrió para sí mismo. Era una jugada genial aparentemente inocua, pero si Brakmo caía en la trampa conduciría a un jaque mate inescapable en exactamente treinta y seis movimientos más. Satisfecho consigo mismo, estiró los brazos y bostezó profundamente. El cuarto que le servía de alcoba se hallaba débilmente iluminado con una luz azulada y lo llenaba el zumbido lejano de los sistemas de oxigenación del complejo. Gebrón era el científico de mayor edad de todo el lesa pero internamente se sentía joven. Desde luego que ya había abandonado toda esperanza de volver a ver el sol o la superficie terrestre y no quedaba otra cosa que seguir alimentando una sensación de mismidad que había aparecido en su pecho y que no exigía otra cosa más que silencio mental para crecer. Era lo más natural y completo que había experimentado en su vida y le permitía seguir vivo y repleto de significado. No creía en Dios ni en una sobrevivencia después de la muerte, pero les otorgaba mayor importancia a sus pensamientos excepto cuando estos se relacionaban con su sensación de presencia. Todo podía sacrificar menos eso, porque si lo hacía, su permanencia en el lesa se transformaría en una cárcel y el cotidiano trato con los demás en un tormento. En cambio, si mantenía su mente enfocada en la misteriosa luz localizada en el pecho, podía dedicarse a jugar ajedrez con Brakmo, ocupándose del cuidado de los cultivos hidropónicos y participar en las actividades sociales del LESA con propiedad y disciplina sin pensar en el futuro o en el pasado. Conocía muy bien su propia mente y le aterraba la posibilidad de darle crédito porque esta era hipercrítica y matizada de las peores predicciones. Por ello, la mantenía a distancia ejerciendo una vigilancia constante sobre sus flujos y reflujos.

Había descubierto que no valía la pena luchar contra ella y, por lo tanto, la dejaba deambular y vagar entre cientos de pensamientos observándolos desde una perspectiva segura y constante. Recordaba con pavor las ocasiones en las que se había dejado convencer por la realidad de un pensamiento y no quería repetir la sensación de falta de libertad que aquello le había proporcionado, especialmente temía la soledad que el recuerdo de su esposa recientemente fallecida le provocaba. Se levantó de la cama y se dirigió al baño para ducharse, el desayuno se serviría dentro de unos minutos y ya sentía un hambre saludable y caprichosa.

Al salir se topó con Nadia, quien, como siempre, trotaba rápidamente a través de corredores como si algo muy importante la estuviese presionando. Nadia era una chica rubia de ojos verdes, extrañamente cercanos uno al otro, enmarcados en una cara robusta y ligeramente cuadrada. Su nariz recta y su cuerpo anguloso la hacían parecer atractiva y hasta bella de lejos, pero en la cercanía la belleza desaparecía para convertirse en algo mucho más interesante, una especie de misterio proveniente de quién sabe qué profundidades. Parecía como si algo o alguien de una potencia sublime la estuviese alimentando y quizá, por ello, siempre caminaba deprisa, aunque sin motivo aparente.

Nadia saludó a Gebrón con un beso en la mejilla y siguió su camino por el corredor mientras este la miraba alejarse presurosa y rodeada de su misterio.

El comedor ocupaba un área octagonal en el complejo y veinte mesas con sus respectivas sillas lo llenaban, una por cada familia que habitaba el LESA. Se turnaban para preparar los alimentos y servir las mesas. Nadie había aceptado dedicarse a la cocina en forma permanente y habían decidido que cada familia se hiciera responsable por periodos de una semana, ayudados por dos robots. Gebrón buscó con la mirada a su nieta Berenice. Le encantaba estar a su lado y mirar sus ojos enormes, despiertos y limpios. Berenice no conocía la Tierra pues había nacido dentro del LESA un año después del mutante. Tenía veinte años, pero su mentalidad era de un sabio de ochenta y Gebrón se quedaba boquiabierto al oírla. Berenice vivía en un presente total y sin preconcepción alguna. Cuando escuchaba a su abuelo lo hacía con una intensidad y frescura totales y Gebrón sentía su interés y admiración por él como una caricia deliciosa. La encontró en una mesa colocada en una esquina acompañada de sus amigos: Leisa, Miendil y Vatric. En otra mesa los discípulos de Junyer, Nosum, Rebeca, Maritza y Londrej desayunaban plácidamente. Gebrón decidió acompañar a su nieta, se acercó lentamente a su mesa y al hacerlo se dio cuenta de que discutía acaloradamente y trató de adivinar; se trataba de Miendil, quien era considerado un genio por todos, aunque tenía fama de desorganizado. Se le ocurrían las cosas más inverosímiles y oírlo hablar era como estar frente a una mente totalmente impredecible. Solamente Leisa parecía comprenderlo y era claro para todos que ella se hallaba profundamente enamorada del muchacho y que este le correspondía.

Vatric era un enigma y nunca se sabía si lo que decía era en serio o solo un producto de su acelerada mente que a veces se manifestaba en una verbalización casi delirante. Poseía rasgos interesantes y un pelo totalmente chino y oscuro. Gebrón alcanzó a oír lo que decía Miendil y no pudo reprimir una sonrisa al escucharlo.

—Nada es real excepto el observador y puesto que yo los observo soy yo quien definió su existencia. Si dejo de observarlos morirían.

Berenice miraba a Miendil con asombro e irritación.

—¿Cómo te atreves a suponerte responsable de mi existencia?

Miendil iba a responder cuando vio a Gebrón y adivinando sus intenciones lo invitó a sentarse.

—Escuché lo que decías y me pareció demasiado lógico y, por ello, endeble —le dijo el anciano en un tono paternal. Berenice se sonrojó al oír hablar a su abuelo y abrió los ojos asustada por un súbito estornudo de Vatric.

—Endeble implica dualismo —contestó Miendil—, lo doble es débil, es endeble, pero lo que yo digo no es así, al contrario…

Vatric se acarició el cabello y volteó a ver a Berenice y luego a Gebrón, cerró los ojos, los abrió y en seguida dio un manotazo sobre la mesa que volvió a sobresaltar a Berenice.

—Si lo que dices fuera cierto —le dijo en un tono irónico a Miendil—, al cerrar mis ojos todos ustedes deberían de haber muerto y he aquí que siguen vivos.

—¡Bah!, tú estás reduciendo al absurdo mi afirmación, yo no me refiero a una observación concreta —dijo Miendil.

—¿Entonces a qué te refieres? —le preguntó Leisa con un interés genuino.

—Me refiero… —empezó diciendo Miendil—, me refiero a… ¡olvídenlo! No vale la pena.

—¿Entonces qué vale la pena? —preguntó Berenice.

—¡Poder salir de aquí vale la pena! —dijo Vatric con un dejo de impaciencia.

Gebrón se levantó al ver entrar a Brakmo al comedor, se despidió de los jóvenes y al acercarse a su contrincante en el ajedrez le dio una palmada sonora en la espalda.

—Te tengo una sorpresa, mi querido —le dijo con ojos chispeantes como si estuviera tramando una travesura. Lo tomó de la mano y lo condujo a la biblioteca donde estaba instalado un tablero cuadrangular y sobre él las piezas en la misma posición en las que las habían dejado semanas atrás. Brakmo observó la jugada de Gebrón y pidió dejarlo solo mientras la estudiaba.

“Viejo bribón —pensó Gebrón al salir de la biblioteca—, sabe ya que es una trampa y seguramente frustrará mi genial estrategia”.

Nadia apareció de nuevo en el corredor con la misma prisa que antes, pero ahora Gebrón no se pudo refrenar y la detuvo en seco.

—¿Qué es lo que te tiene siempre tan apresurada? —Nadia lo miró con sus ojos verdes y después bajó la vista.

—No lo sé, es algo que me impulsa a estar activa todo el tiempo y no quiero saber la razón.

Gebrón se hizo a un lado y la dejó pasar.

PREPARANDO EL FUTURO

La relación entre Gebrón y Brakmo era como la de un padre a un hijo, aunque entre ellos no había parentesco genético. En realidad, la idea del LESA había surgido de la mente de Gebrón, quien era uno de los oceanógrafos más respetados de la Tierra, y la construcción y operación había sido obra de Brakmo, un experto en robótica y el principal discípulo de Gebrón. El LESA había sido construido en secreto sin el conocimiento de Cauton Alcántico con el objeto de estudiar la vida en las mayores profundidades del océano. El exemperador de la Tierra tenía como afición la contemplación de la conducta de los más raros animales del planeta y el LESA registraría en formato holográfico escenas de los peces de las profundidades que serían presentadas como un regalo sorpresa para Cauton Alcántico en su cumpleaños. Ni Gebrón o Brakmo se imaginaron que el LESA se convertiría en la única esperanza de supervivencia de la raza humana y juntos habían desarrollado una estrategia dirigida a garantizarla. Gebrón transformó toda una sección del LESA en un laboratorio de cultivos hidropónicos y Brakmo estaba encargado de la creación y prueba de robots inteligentes especialmente diseñados para labores agrícolas y de construcción.

Nadia era la responsable de la educación de los niños y jóvenes que nacían en el LESA: toda la comunidad participaba en esa labor, la cual era considerada de primera prioridad. La nueva generación se enfrentaría a una superficie terrestre totalmente desolada, la cual debía transformar plantando bosques, edificando casas y abriendo áreas de cultivo. Los únicos animales que habían sobrevivido eran enormes cucarachas, alacranes gigantes e insectos imitantes de gran resistencia. De vez en cuando se enviaban instrumentos automatizados a la superficie para recoger muestras que eran examinadas en el LESA a fin de conocer las nuevas mutaciones que aparecían y para aprender a convivir con ellas o dominarlas a su debido tiempo.

El laboratorio de genética del LESA, bajo la dirección de Junyer y en el cual trabajaban Nosoni, Rebeca, Maritza y Londrej, era el más activo del complejo. Allí se dedicaban a recrear las especies que habían desaparecido, víctimas de la radiación.

Guardaban en un recipiente sellado y a temperaturas cercanas al cero absoluto, espermatozoides y óvulos que se unirían para repoblar el planeta. Una multitud de plantas de todo tipo, flores, árboles frutales y cereales estaba en proceso de creación. Nadia llevaba a los niños al laboratorio genético para que observaran la labor de los ingenieros y se interesaran en ella, después visitaban a Brakmo y a sus ayudantes Jacobi y Orejiso y se sorprendían de los nuevos robots que eran inventados por ellos en el laboratorio de inteligencia artificial. Los niños jugaban con los robots y se acostumbraban a interactuar y a manejar su lenguaje. Carluisi, un experto en conducta animal y psicología, participaba en la educación de los niños ayudando a Nadia mediante talleres de crecimiento y desarrollo de la conciencia, que se impartían frecuentemente.

V

SOSPECHA

Gebrón comenzó a preocuparse al día siguiente. En primer lugar y en contra de su costumbre, Brakmo no lo había llamado para presumirle su contraofensiva en el juego de ajedrez. En segundo lugar, cuando se vieron en el laboratorio de inteligencia artificial, Brakmo parecía estar ocultando algo. Gebrón lo conocía tan bien y le tenía tanta confianza que lo cuestionó acerca de su estado de ánimo, pero Brakmo se escabulló negando que le pasara algo anormal. Por si fuera poco, al hacer la jugada, después de la reunión en el laboratorio, Brakmo cometió un error en la colocación de una pieza que le dio clara ventaja a Gebrón, ahorrándole los treinta y seis movimientos de su estrategia para reducirlos a cuatro, después de los cuales declaró jaque mate. Brakmo miró al tablero como si este no estuviera frente a él y sacudió los hombros en un gesto característico que quería decir que había otras cosas más importantes que un simple jaque mate.

—¿Qué le sucede? —volvió a preguntarle Gebrón mirándolo a los ojos, pero Brakmo apartó la vista y volvió a contestar con una negativa.

—Estoy bien, perfectamente bien y me está empezando a irritar su insistencia.

Era una costumbre entre ellos no tutearse y ninguno de los dos sabía por qué.

—No deseo irritarle —contestó Gebrón casi con un susurro—, solamente noté algunos cambios en su conducta que me sorprendieron y quise saber si algo marchaba mal.

—¡Nada marcha mal!, todo está bajo control y magníficamente. Deje de preocuparse y en lugar de ello deme la revancha.

Gebrón escogió las blancas y dejó que Brakmo acomodara las piezas. Desde luego que no iba a insistir en sus observaciones y trató de no pensar más en lo que le acontecía a Brakmo, pero no dejó de notar que este permanecía distante y distraído, aunque trataba de disimularlo. Hicieron varias jugadas y después de treinta minutos Gebrón pidió interrumpir el juego. Deseaba descansar, le dijo a Brakmo, aunque en realidad había llegado a serle insoportable la sensación de extrañeza en la que se mantenía su exdiscípulo. Al llegar a su habitación, Gebrón se sentó a reflexionar y no le cupo la menor duda de que Brakmo estaba ocultando algo de suma importancia. Decidió dormirse y más tarde realizar algunas indagaciones con los ayudantes del laboratorio.

VI

ROBÓTICA

Junyer, además de ser el encargado del laboratorio de genética, era el padre de dos hermosas niñas que habían nacido recientemente en el LESA y a las que amaba intensamente. Sabía que de su trabajo genético dependía toda la flora y fauna del planeta. Sus discípulos le decían en broma Padre Noé haciendo referencia a un antiquísimo mito terrestre y Junyer, al oírlo, siempre sonreía satisfecho.

La genética se había desarrollado enormemente durante el reinado de la dinastía Alcántica. No solamente se conocía el genoma humano a la perfección, sino que existían técnicas que permitían modificarlo e incluso reproducirlo artificialmente. El desarrollo de esta ciencia había sido por el deseo de mejorar el linaje Alcántico a través de una selección genética que requería el total conocimiento del genoma humano. La compilación de este era tal que solo con la ayuda de las supercomputadoras directamente acopladas a la estructura del espacio-tiempo se había logrado la velocidad de cómputo suficiente para decodificarlo. Antes de esa hazaña se logró hacer lo mismo con prácticamente todas las especies animales y vegetales que habitaban la Tierra y el resto de los planetas de la galaxia. La memoria de las supercomputadoras de la Tierra contenía los códigos genéticos de veinte mil millones de especies, incluyendo la humana, y el laboratorio del LESA contaba con una de las más avanzadas de esas máquinas. Junyer era un experto en su manejo y había logrado que sus discípulos, todos jóvenes y nacidos en el LESA, se interesaran profundamente en el conocimiento genético. Utilizando los códigos, reproducían artificialmente las secuencias de los aminoácidos y fabricaban elementos genéticos, óvulos y espermatozoides de millones de especies. Habían decidido que treinta años antes de regresar a la superficie terrestre empezarían a fecundar sus cultivos. Para esas fechas, Brakmo se había comprometido a construir un gigantesco depósito que albergaría las crías en un ambiente adecuado y en una atmósfera que también contendría plantas, árboles y un ecosistema completo. La tecnología robótica se utilizaría para construir el colosal ecosistema que después sería elevado hasta la superficie.

Durante todo el desarrollo de la ciencia genética se había reglamentado su utilización prohibiendo la reproducción artificial del genoma humano. Desde luego que habían existido intentos para construir seres humanos artificiales en laboratorios de genética ilegales y se sabía que algunos de ellos habían logrado evadir la estricta vigilancia del Comité Galáctico de Control Genético. Pero el castigo que habían recibido los transgresores descubiertos disuadió al resto de hacer lo mismo. Especies extintas se habían recreado y en el zoológico de los emperadores de la galaxia, se llegaron a reunir hasta setecientos millones de especies. Pero todo ello había desaparecido y el LESA decidió recrear, en las profundidades abismales en las que estaba situado, cien millones de especies nocivas, algunas de ellas con modificaciones genéticas que les iban a permitir repoblar el planeta y alimentarse de los insectos imitantes y de los artrópodos que lograron sobrevivir a la radiación y que se habían reproducido en forma vertiginosa al no contar con depredadores.

La población del LESA era de cincuenta y cuatro personas, incluyendo las dos hijas recién nacidas de Junyer. Este y Brakmo trabajaban coordinadamente para cumplir las metas propuestas. Faltaban veinte para la fecundación y Brakmo ya había empezado a construir el colosal ecosistema con la ayuda de cien robots. Pero requería más de diez mil para completarlo y sus excavadoras automatizadas trabajaban ininterrumpidamente para reunir materias primas que después eran procesadas y elaboradas en la creación de piezas metálicas, elementos de cómputo y cerebros holonómicos para los futuros robots. Si todo resultaba bien, en esos veinte años Junyer y su grupo tendrían listos sus cien millones de pares de unidades genéticas, y Brakmo y sus ayudantes apoyados de sus robots, las instalaciones completas del ecosistema. Entonces se realizaría la fecundación y el nacimiento y cuidado de las nuevas especies de animales y vegetales. Treinta años después, estas se estarían reproduciendo por sí mismas y al abrir las puertas del depósito colosal en la superficie volverían a poblar el planeta Tierra. Cuando Gebrón escuchó "Padre Noé", sugirió que toda la operación se llamara de esa forma. La operación Padre Noé no debía tener contratiempos y, por ello, al día siguiente Gebrón visitó a los ayudantes de Brakmo para ver qué era lo que le preocupaba a este.

Antes de llegar al laboratorio de inteligencia artificial, Gebrón se topó con Tysin, la encargada de los servicios médicos del LESA. Tysin era una mujer de ojos oscuros y rasgados, de mirada tierna y profunda. Sus gestos siempre eran lentos y pausados como si estuviese repasando sus propios pensamientos y memorias dentro de un cuerpo delgado y de baja estatura. Su padre, al igual que ella, había sido médico y la había obligado a serlo cuando en realidad la preferencia de la muchacha era el arte y la ecología. Ahora, como encargada del área médica del LESA, deseaba humanizar su profesión evitando hasta donde le era posible el uso de robots para el diagnóstico y de instrumentos automatizados para los tratamientos. Prefería la medicina natural y su principal preocupación era el bajo índice de natalidad en el LESA. Habían permanecido casi cuarenta años en el fondo del océano y en ese tiempo solo habían logrado nacer quince niños y había fallecido una persona, la esposa de Gebrón. Cuando una mujer se embarazaba, Tysin cuidaba la alimentación y estado emocional de ella, tratando de rodearla de estímulos naturales y de condiciones propicias. En el complejo, la baja natalidad se atribuía al aislamiento y a la ausencia de espacios abiertos y de contacto con la naturaleza, y Tysin trataba de sustituir esas carencias con su trato gentil y tierno hacia las futuras madres. Al ritmo que llevaban los recién nacidos, la población humana del LESA sería mucho menor que la de las nuevas generaciones.

Gebrón saludó a Tysin con gran cariño. Admiraba la labor de esa mujer y siempre era un gusto verla, aunque Tysin no hablaba mucho. Esta vez, sin embargo, la doctora no guardó su silencio acostumbrado y al devolver el saludo de Gebrón le manifestó su preocupación.

—Es necesario aumentar el índice de natalidad en forma significativa. —Lo anunció con un tono grave de voz. Gebrón la tomó de la mano y acarició su antebrazo intentando calmarla.

—Lo sé —le dijo palmoteando su hombro—, pero ¿qué podemos hacer?

—Tengo una idea que quisiera mostrarte cuando tengas un poco de tiempo. —Gebrón asintió con un movimiento de cabeza y prometió pasar a verla después de su visita al laboratorio de inteligencia artificial.

"Es una mujer fenomenal", pensó mientras se dirigía al lugar de trabajo de Brakmo, en donde ya lo estaban esperando los ayudantes de aquel. Al abrir la puerta del laboratorio, Gebrón se sorprendió de ver el color violeta claro de la luz que lo alumbraba. El laboratorio ocupaba un recinto de grandes dimensiones y techo que permitía la acción de diferentes maquinarias sofisticadas, desde grúas de alto poder hasta tornos y reproductores holográficos de microcircuitos. Los nuevos modelos de robots se diseñaban con la ayuda de una computadora de acoplamiento directo con la lattice del espacio-tiempo y los cerebros holonómicos se construían capa tras capa en grandes recipientes magnéticos, en cuyo interior se resguardaba un plasma superconductor que hacía las veces de medio de cultivo de los microcircuitos. Generalmente, el laboratorio se alumbraba con una luz blanca antirreflejante, por lo que la primera pregunta que hizo Gebrón a Orejiso y a Jacobi fue acerca de la coloración violeta. Orejiso era delgado y alto y se dejaba crecer una bien recortada barba que únicamente le cubría el mentón, mientras que Jacobi era bajo de estatura, regordete y también usaba barba, pero esta le cubría toda la cara. Ambos se entendían a la perfección usando un lenguaje técnico que solo Brakmo compartía con ellos. En ocasiones, los había oído conversar en el comedor del LESA durante horas enteras sin que nadie entendiera de lo que hablaban.

Recibieron a Gebrón con muestras de nerviosismo y al oír la pregunta acerca de la luz violeta respondieron con evasivas. Gebrón se dio cuenta de que ellos también ocultaban algo y decidió no presionarlos. En un tono casual los interrogó acerca de sus familias. Jacobi tenía una hija y la esposa de Orejiso estaba embarazada. Mientras platicaban, Gebrón miraba de reojo en todas las direcciones del laboratorio y de pronto le llamó la atención un objeto situado en un anaquel. Lo reconoció como un instrumento de uso frecuente en el laboratorio de genética. Junto a él vio varios cristales que se usaban en la conformación de cadenas de aminoácidos. Se despidió de Orejiso y Jacobi y más preocupado que antes se dirigió al laboratorio de genética. Encontró a Junyer ofreciendo un seminario a sus discípulos y se sentó a oírlo. Aquel hacía un recuento de la historia de la genética y de los intentos por lograr un acoplamiento biológico autoestable entre circuitos electrónicos artificiales y cultivos neuronales.

—La ciencia ficción de hace miles de años —continuó Junyer— acuñó el término potenciador para microcomputadoras que se conectaban con el cerebro humano fortaleciendo sus diferentes funciones.

Gebrón dejó de oír a Junyer y recordó lo que había sucedido cuando este sueño se hizo realidad unos siglos antes de la revuelta de las Pléyades. Un instituto en los planetas periféricos había logrado diseñar un sistema electrónico que se aplicaba directamente con el campo neuronal humano modificando sus características. Se construyeron varios prototipos que eran capaces de incrementar notablemente la sintergia del campo neuronal. Las personas que llegaron a utilizarlo reportaban ser capaces de activar mecanismos perceptuales casi milagrosos que les permitían ver a distancia o modificar su posición de observación de una escena sin necesidad de moverse de lugar. Algunos de esos potenciadores lograban que sus usuarios entraran en las mentes de otros seres tanto humanos como animales ejerciendo control sobre ellos. El sistema se puso a la venta con resultados catastróficos y esa fue una de las razones que por poco dividió a la galaxia en dos imperios antagónicos. De hecho, la dinastía Alcántica surgió como resultado indirecto del invento de potenciadores que después se sustituyeron por cristales sintérgicos. Gebrón volvió a prestar atención a lo que decía Junyer cuando Nosoni, uno de sus jóvenes discípulos, le hizo una pregunta:

—¿Lo que sugieres es la puesta en marcha de una investigación para hacer confluir la genética con la robótica?

Gebrón casi saltó de su lugar al escuchar la interrogante y abrió desmesuradamente los ojos esperando la respuesta de Junyer. Aquello era el mayor tabú de la galaxia no solo por razones ideológicas, sino por todo el daño que los intentos habían provocado y que en el pasado se habían realizado en esa dirección. Junyer volteó a ver a Gebrón y aclarándose la garganta contestó afirmativamente:

—¡Sí, eso es lo que estoy proponiendo!

Gebrón se disculpó y abandonó el laboratorio de genética con la misma prisa que había entrado al mismo y fue en busca de Tysin. Esta, al verlo venir, se apresuró a prepararle un té después de ofrecerle un asiento. Jamás había visto tan alterado a Gebrón y supuso que algo terrible tendría que estarle sucediendo. Solamente en una ocasión, después de la muerte de su esposa, lo había visto fuera de sí, pero ello era totalmente comprensible.

Brakmo y Junyer planeaban crear cerebros biológicos artificiales acoplados con potenciadores electrónicos y ese intento debía frustrarse a como diera lugar.

—¡Hemos estado a punto de destruir el planeta por apartarnos de un desarrollo normal y jamás deberíamos repetirlo!

Tysin lo escuchó con serenidad y trató de calmarlo.

—Quizá no es eso lo que intentan —le dijo con una voz llena de ternura—, convoquemos una reunión y escuchemos lo que están haciendo.

Gebrón se calmó y le pidió disculpas por su nerviosismo.

—Desde luego, eso es lo que debemos hacer. Ahora oye mi idea —le dijo Tysin con un brillo travieso en sus ojos negros—: la razón más probable de la baja natalidad es nuestro encierro forzado. Brakmo se concentra en la construcción del ecosistema pensando que servirá para albergar las especies que Junyer está recreando, pero yo he pensado que ya es tiempo de que nos mudemos a un ambiente más natural en una situación que nos ayude a reproducirnos. Pidámosle a Brakmo que incluya en su construcción un hábitat para las parejas casadas y para los jóvenes y los niños y empecemos a plantar árboles y flores en él.

Gebrón abrazó a Tysin y le prometió que apoyaría su idea en la reunión que convocaría.

VII

NO MÁS EQUIVOCACIONES

Todos los habitantes del LESA, incluyendo a los jóvenes, se reunieron en el auditorio del complejo convocados por Gebrón y Tysin. El motivo aparente de la asamblea era la propuesta de Tysin que debía ser votada y en su caso aprobada o rechazada por todos. Habían decidido que las resoluciones a las propuestas novedosas requerían un setenta y cinco por ciento de votos a favor de ser aprobadas y la idea de Tysin lo fue por unanimidad.

Brakmo se comprometió a construir rápidamente un ecosistema fijo con un hábitat integrado al resto.

Después de la votación, Gebrón externó su preocupación ante lo que sospechaba que estaba sucediendo en el interior de los laboratorios de genética e inteligencia artificial. Explicó que todos los intentos del pasado dirigidos a la construcción artificial de cerebros biológicos similares al humano habían desembocado en catástrofes terribles que incluso habían puesto en peligro la supervivencia del hombre. Pero eso no había sido nada comparado con las consecuencias de la creación de seres humanos artificiales acoplados con potenciadores electrónicos. Verdaderos monstruos de conductas impredecibles eran siempre el resultado.

—Parecería —concluyó Gebrón— que la mezcla de la genética humana con la robótica transgrede alguna ley básica de la naturaleza, un principio sutil que al violarse desencadena consecuencias incontrolables. Debemos aprender del pasado y jamás volver a intentar tales injertos.

Brakmo tomó la palabra después del discurso de Gebrón, visiblemente alterado por lo que este había dicho.

—Junyer y yo hemos sido acusados sin fundamento. —La cara de Brakmo parecía a punto de explotar abotagada y rojiza—. Lo único que empezamos a explorar —continuó irritado— es la solución para un problema tremendo. Hemos pasado cuarenta años bajo la superficie y solo han nacido quince niños en todo este tiempo. No voy a repetir lo que todos ya saben, pero a ese ritmo, dentro de cincuenta años solo sobrevivirán esos quince y los pocos hijos que tengan. La mayoría de nosotros estamos a punto de cumplir setenta años y si nuestro periodo de sobrevida es similar al que existía en la Tierra del mutante, la mayoría lo habrá alcanzado en los próximos cincuenta años y muy pocos de nosotros volverán a ver el sol.

Junyer habló después de Brakmo en medio de un silencio tenso y triste.

—Es cierto lo que Brakmo dice, solo uno o dos de nosotros alcanzarán los ciento treinta años de edad, la mayor parte moriremos cinco o diez años antes de subir a la superficie y todo el futuro de la raza humana estará en manos de nuestros hijos y, para entonces, aun suponiendo que la propuesta de Tysin funcione, serán demasiado pocos. ¿Quién se ocupará del ecosistema, proseguirá con los experimentos genéticos y comandará los robots? Ciertamente, estamos preparando bien a nuestros discípulos y es de esperarse que nuestros hijos y nietos nos igualen o superen en pericia y conocimientos, pero ¿si no sucede?, ¿cómo asegurar el futuro y prevenir cualquier posible falla o accidente? La única solución que se nos ha ocurrido es iniciar un proceso de clonación, por un lado y, por el otro, desarrollar una nueva generación de robots holonómicos pero con mayor libertad de acción, y solo se puede lograr si añadimos tejidos neuronales a sus cerebros holográficos. No habíamos querido informarles sino hasta después de probar la efectividad de las técnicas. Sabemos lo que ocurrió en el pasado y Gebrón hace muy bien en recordárnoslo, pero les aseguro que todo está previsto para evitar una repetición de los errores de nuestros antepasados.

Tysin pidió la palabra y primero agradeció el voto unánime para realizar su idea.

—Volver a la naturaleza —dijo emocionada— resolverá muchos de nuestros problemas y permitirá a nuestros hijos reproducirse en un ambiente natural, les ofrecerá un punto de referencia adecuado para después trasladarlo a la superficie de nuestro planeta y hacerla reverdecer. Por otro lado —continuó con una sonrisa—, ¿cuál es la prisa de Brakmo y Junyer? Supongamos que solo treinta de nuestros hijos y nietos suban a la superficie, en sesenta años se habrán duplicado y poco a poco abarcarán más, pero con la seguridad de hacerlo en unión con las leyes naturales y no forzando alteraciones biológicas que nadie puede asegurar si serán beneficiosas. No hay necesidad de apresurarse, pues los riesgos son enormes. ¿Cuál será la diferencia si en lugar de treinta son sesenta o noventa y la mitad de ellos injertados o clonados? Crearíamos una sociedad antinatural y vean hacia dónde nos condujo esa prisa en el pasado. Propongo que los procesos de clonación sean utilizados solo si las situaciones de sobrevivencia se vuelven críticas y que se suspendan definitivamente los experimentos de injertos.

Después de las palabras de Tysin, todos empezaron a hablar y a pedir la palabra al mismo tiempo, hasta que Gebrón pidió silencio y fue ordenando las intervenciones. Discutieron sin ponerse de acuerdo, las opiniones estaban divididas y nadie quería ceder en su punto de vista. Algunos apoyaban a Tysin, otros a Brakmo y varios más a soluciones intermedias. Por fin, se decidió someter a votación tres propuestas: la de Tysin, la de Brakmo y una tercera que permitiría la clonación pero descartaba los injertos. Junyer hizo una moción antes de que se iniciara la cuenta de los votos, diciendo que el momento crítico para clonar era este y no un tiempo futuro. Después de los ochenta años, nadie podía asegurar una donación sana debido al desgaste genético de las células. Debían hacerlo cuanto antes y no esperar a que fuese demasiado tarde.

Por fin votaron: el ochenta por ciento de los habitantes del LESA decidió prohibir los injertos, pero aprobó el inicio inmediato de las clonaciones.

VIII

CLONACIÓN EN MASA

El único que no aceptó ser clonado fue Gebrón, más por miedo a que surgiera un ente defectuoso debido a su avanzada edad que a una falta de interés por verse a sí mismo reproducido en otro. Sin embargo, la verdadera razón era que ya estaba agotado de vivir y temía transmitirle este agotamiento a un ser idéntico a sí mismo. Los demás permitieron que Junyer y sus discípulos tomaran muestras de sus células y después cuidaran los recipientes en los que se multiplicaban los cultivos y más tarde las diminutas cunas en las que los otros "yoes" crecían. En un mismo año toda una nueva generación apareció en los abismos oceánicos y Brakmo, sin poder perdonarse por haber perdido la votación, aceleró la construcción del ecosistema fijo para poder instalar a los bebés en jardines alumbrados por un sol artificial. Como una especie de consolación dedicó los nueve meses del desarrollo embrionario y fetal a la creación de robots nodrizas, especialmente programados para el cuidado de los nuevos niños y niñas y excavó una colosal caverna en la ladera de una montaña submarina, extrajo el agua de mar sustituyéndola por una atmósfera respirable, iluminó el lugar y le pidió a Junyer semillas de pasto y árboles frutales para reverdecerlo y adornarlo. Del LESA, a través de un túnel de paredes redondeadas, se podía entrar al nuevo ecosistema. Tysin diseñó un lago artificial y varios ríos y los robots construyeron varias casas y una escuela para los niños.

Mientras tanto, el ecosistema móvil se seguía armando poco a poco.

IX

EL ECOSISTEMA ESTÁ LISTO

Cuando los niños clonados cumplieron tres años de edad, Brakmo encendió el sol artificial de la caverna ante los atónitos ojos de los habitantes del LESA, reunidos a la entrada del ecosistema fijo. Gebrón vio los prados extendiéndose en la distancia y los árboles frutales cargados de manzanas rojas, peras esmeraldas y duraznos dorados y no pudo controlar un súbito llanto que reventó en su pecho y explotó en sus ojos. Leisa y Miendil se tomaron de la mano y corrieron sobre una alfombra vegetal suave y viva sintiendo una emoción desconocida que los hizo lanzarse desnudos al lago. Tysin había trasladado el color azul del cielo a la inmensa bóveda que cubría la caverna y Junyer recreó cervatillos que corrían por montículos y pequeños valles mientras abejas en vuelos plácidos y resonantes libaban miel a partir de las flores de todos los colores que se habían plantado. El sonido alegre de las cascadas llenaba el aire y pájaros asombrados por una desconocida libertad probaban sus alas en el espacio abierto. En las "noches" miles de luciérnagas jugaban sobre el lago iluminando de polvo dorado los rizos del agua. Tysin estaba encantada viendo las nuevas parejas que se formaban entre los jóvenes de la comunidad. Además, Leisa y Miendil se pasaban días enteros nadando en el lago y haciendo el amor en sus orillas, Nosoni cortejaba a Rebeca y Londrej a Maritza. Todos ellos eran discípulos de Junyer y habían decidido tomarse unas vacaciones, que aquel toleraba con impaciencia. Vatric seguía a Berenice a todos lados tratando de llamar su atención mediante bromas extrañas que exasperaban a la nieta de Gebrón. Mientras tanto, Orejiso y Jacobi seguían discutiendo en su lenguaje misterioso que nadie entendía. Carluisi se dedicaba a la educación de los bebés y junto con Nadia organizaba sesiones de juegos y entrenaba a los pequeños en el difícil arte de aprender a controlar sus diminutos y rosados cuerpos.

La regulación de la luminosidad en el interior del ecosistema era una copia de los periodos diurnos y nocturnos de la superficie del planeta y pronto toda la comunidad se mudó a la caverna, dejando a los robots el cuidado del LESA y sus instalaciones. Los que decidieron permanecer viviendo en el complejo fueron Brakmo y sus ayudantes Oréjiso y Jacobi, y Junyer con Berenice, quien había decidido dedicarse a la genética. Los seminarios en el laboratorio de genética y los trabajos de inteligencia artificial continuaron, pero los jóvenes, a excepción de Berenice, se interesaban cada vez más en el amor y en sus parejas que en los fríos anaqueles y las operaciones técnicas de los laboratorios. Brakmo estaba enfurecido por ello, pero Junyer lo calmaba diciéndole que aquello pasaría una vez que la novedad de la vida al "aire libre" se hubiese asentado. Brakmo se había distanciado de Gebrón a partir de la votación y ambos interactuaban solo cuando era necesario.

X

CELOS POR SIEMPRE

Vatric comía visiblemente malhumorado en el comedor del LESA cuando vio entrar a Junyer acompañado de Berenice. No podía dejar de pensar en ella y sentía unos celos furiosos por Junyer, quien pasaba horas enteras con la chica iniciándola en los misterios de la genética. A Vatric no le interesaba esa ciencia, pero había decidido trabajar al lado de Junyer solo para estar cerca de la nieta de Gebrón. Aprovechó el momento y parándose de su lugar le pidió a Junyer ser aceptado en su laboratorio. Este volteó a ver a Berenice adivinando las verdaderas intenciones del joven, y lo citó al día siguiente para una entrevista. El muchacho salió del comedor viendo de reojo a su enamorada y nervioso por la cacería que mostraba hacia Junyer. Al día siguiente rechazó a Vatric explicándole que sus motivos no eran adecuados y este, enojado, se dirigió a Brakmo y le expuso su deseo de estudiar robótica en su laboratorio. Brakmo lo aceptó sin sospechar otros motivos.

Mientras tanto, Leisa y Miendil habían convencido a los demás jóvenes de plantar un sembradío de maíz y otro de trigo en uno de los extremos del ecosistema y se pasaban el día abriendo surcos bajo la guía de Gebrón, quien los instruía en la utilización de nutrientes y les explicaba las condiciones óptimas de humedad y luminosidad para las plantas. En tres meses, recolectaban mazorcas que asaban en fogatas al "aire libre" y después repartían, orgullosos, entre los mayores. Amasaron harina con el trigo y en un horno rústico hicieron sus primeros panes, dichosos por su hazaña. Empezaron, además, a tocar música inventando canciones que después interpretaban ante los mayores. Vatric no abandonaba el laboratorio de inteligencia artificial y pronto pudo participar en las conversaciones "esotéricas" de Jacobi y Orejiso, asombrando a todos. Parecía tener prisa por incorporar los conocimientos de Brakmo y hacía preguntas extrañas acerca de las técnicas para la construcción y el desarrollo de cerebros holonómicos. En la biblioteca del LESA encontró los registros históricos de los intentos del pasado para la creación de tejidos neuronales injertados con microcircuitos y convenció a Brakmo de instruirle en sus descubrimientos al respecto. Berenice seguía ignorándolo a pesar de todos los intentos por acercarse a ella y eso aumentó más sus celos y la intensidad de sus estudios.

XI

OTRO MOMENTO EN EL lesa

Leisa y Miendil se parecían mucho, no solo en apariencia, sino sobre todo en sus intereses y sus ideas. La única diferencia entre ambos, obviamente además de su sexo, era que ella adoraba su propio cuerpo esbelto y bien formado y le encantaba ejercitarlo en el gimnasio del complejo, mientras que él hacía lo mismo pero con su propia mente. Ambos eran narcisistas y se pasaban la vida alabándose mutuamente. No se interesaban ni por la genética ni por la robótica sino por el autoconocimiento directo. A veces acudían a los talleres que Carluisi preparaba para los niños y hablaban con él acerca de la realidad y su significado. Carluisi era un experto en la utilización de técnicas de meditación, las que compartían con la joven pareja. En ocasiones desaparecían días escondidos en algún recodo del sistema practicando lo que Carluisi les enseñaba. Pronto se volvieron expertos en técnicas de concentración y decidieron participar, junto con Nadia y Carluisi, en la educación de los niños. Estos vivían en una edificación junto a la que Junyer había recreado: toda una granja de animales, desde vacas diminutas que ordeñaban, gallinas que ponían huevos y ellos recolectaban, varias ovejas y un par de perros con los que jugaban. Un panal de abejas se había instalado cerca de la granja y los niños gustaban de observarlas y aprendían a recoger una miel dulce mientras gritaban de gusto perseguidos por enjambres inofensivos.

Leisa y Miendil les tocaban sus canciones y pronto los chiquillos los empezaron a imitar.

NOVENA PARTE

I

NO TODO SALE BIEN

Transcurrieron cincuenta años y la única sobreviviente de la primera generación del LESA era Tysin, quien pese a sus ciento veintiocho años de edad se conservaba lúcida y activa. Solamente ella conocía el verdadero sol y estaba a punto de reencontrarlo. Le habían construido una casa junto al lago del ecosistema fijo y todas las tardes permanecía sentada en un portal de dos arcos recordando su vida.

Vatric le venía a la mente con mayor frecuencia que cualquier otra memoria, quizá porque se sentía personalmente culpable por no haber previsto lo que le sucedió. "Pobre muchacho, y yo una estúpida por no haber adivinado su tragedia —pensó con amargura—, tenía razón Carluisi, lo no resuelto es lo que se le queda a uno pegado en la vejez y el último pensamiento antes de la muerte refleja toda la existencia".

Vatric trabajó cinco años en el laboratorio de Brakmo ayudando en la construcción de los nuevos robots, pero secretamente armó un potenciador para su campo neuronal con la intención de utilizarlo para controlar la mente de Berenice. Lo único que consiguió fue alejarla aún más, quien al sentir la energía que le lanzaba su frustrado enamorado le contestó con un odio asesino. El potenciador conectado al cráneo de Vatric se desquició provocándole a este una alteración neuronal irreversible. Tuvieron que encerrarlo en una construcción especial a prueba de ruidos para que sus gritos no alteraran la paz de los habitantes del LESA. Lo alimentaron a través de una rendija hasta el día de su muerte, en la que llamó a Berenice acusándola de ser la amante de Junyer. Tysin tenía la impresión de que todo era una repetición y ese pensamiento se reforzaba cuando veía a las copias idénticas de todos los miembros del lesa, incluyéndose a sí misma. En sus momentos de lucidez reconocía que el Brakmo joven y la Nadia II, de ojos verdes demasiado cercanos uno del otro, eran los clones de los verdaderos Brakmo y Nadia, pero de pronto el pasado se le confundía con el presente y le hablaba a Junyer II de un suceso acontecido sesenta años antes como si hubiese sucedido ayer. Su propia Tysin joven la sumía en un remolino vertiginoso cuando la veía y tenía que hacer un esfuerzo para no tocarle la cara con el objeto de desterrar la idea de que estaba viendo un fantasma o de que ella lo era y que se había equivocado de cuerpo.

Hacía treinta años que el viejo Brakmo había terminado de construir el ecosistema móvil, diez veces más grande que la caverna, y Junyer depositado cien millones de especies convirtiéndolo en una selva increíblemente excitante en la cual los niños convivían con chimpancés y gorilas, mientras los elefantes nadaban en sus charcas y árboles de todo tipo florecían en cada rincón.

Tysin había enterrado a todos después de ayudarles a morir y no sabía cómo lo había podido soportar. El más difícil había sido Gebrón, no tanto por una muerte dolorosa sino por lo mucho que lo quería. Al verlos a todos renacidos buscaba al anciano y al encontrarlo lo pensaba ocupado en sus cultivos hidropónicos o en su laboratorio de observación de las profundidades marinas, pero de pronto recordaba que nunca más habría un nuevo Gebrón. Siete años después de su muerte, le había llevado a Junyer un mechón de cabello del anciano que guardaba en la repisa. La había asaltado el deseo de ver rehacer el cuerpo de su viejo amigo, pero Junyer se negó aduciendo que Gebrón se había opuesto a que lo clonaran a pesar de los ruegos para que aceptara. Tysin había vuelto a guardar el mechón y de vez en cuando lo sacaba de su lugar y lo acariciaba recordando al anciano.

II

LA ASCENSIÓN

Hacía apenas siete días que Brakmo II les había notificado que todo estaba listo para subir a la superficie y les pidió que se prepararan trasladando sus pertenencias al ecosistema móvil. La idea de Tysin había fructificado y la población total del LESA había ascendido a ciento treinta personas, incluyendo los clonados. Cada familia tenía una casa en el ecosistema móvil excepto la vieja Tysin, quien había aceptado mudarse a la casa de la nueva Tysin durante los tres meses que duraría el ascenso. Este no sería en línea recta sino en ángulo de treinta grados hacia el norte. Se había decidido depositar el ecosistema a un lado de la isla de Cuba en el Caribe. Pensaban repoblar la isla y aprovechar su clima y aislamiento para poner a prueba el equilibrio ecológico, y si este tenía éxito, trasladarlo después al continente americano y más tarde al resto del planeta. El proceso total duraría cuatrocientos años.

III

LA VIDA: REPETICIÓN INTERMINABLE

La vivificación del planeta se inició durante el ascenso del ecosistema. Mientras subían, se iban soltando especies marinas para que repoblaran el océano. Primero, se dejaron en libertad peces de las profundidades recreados a la perfección con todo y sus linternas biológicas colgando curvadas de extremidades. Cientos de toneladas de plancton acompañaban la salida de los especímenes como dados a luz a partir del cuerpo de una madre colosal. Después, a intervalos precisos y de acuerdo con la profundidad, calamares gigantescos y pulpos de todos tamaños también acompañados de plancton y alimentos vivos de reproducción vertiginosa salían a la libertad. Cardúmenes de sardinas plateadas nadando como un solo organismo emergieron de las fauces del ecosistema seguidos de ballenas, delfines y peces de todos los colores y tamaños. Los delfines y las ballenas comenzaron a cantar acompañando el viaje del ecosistema mientras este se trasladaba lenta y plácidamente hacia el Caribe. En el interior, nadie notaba el movimiento a excepción de una vibración lejana causada por la apertura de las gigantescas escotillas cuando dejaban salir a los peces. Por fin se acomodaron junto a la isla ocupando la tercera parte del total de su longitud. Habían decidido empezar un nuevo calendario en el instante en el cual la luz del verdadero sol empezara a penetrar al ecosistema. Se reunieron todos en una planicie y Tysin dio la orden para que se abriera la bóveda del inmenso techo. Se escuchó el sonido de una especie de relámpago lejano en el momento en que se activaron los mecanismos de apertura y un rayo de luz dorada penetró iluminándolos a todos.

Era el primer día del año uno. Habían llegado a mediados de junio cuando el sol estaba a mitad del cielo. Tysin lo recibió de lleno abriendo su boca desdentada como queriendo engullir el polvo de ángel diamantino que llenaba todo el espacio. En la tarde comenzó a llover y todos se asombraron del tono gris anaranjado que adquirió el cielo. En la noche, miles de luciérnagas brillantes criadas en el ecosistema fueron las primeras en abandonarlo, pero regresaron a amanecer decepcionadas por la ausencia de vegetación en la isla. No dejó de llover en dos semanas y solamente a finales del mes escampó a media noche y los niños gritaron de asombro al ver, por primera vez, las estrellas. Se distinguían de las luciérnagas por su inmovilidad y a todos les despertó un extraño sentimiento de nostalgia para el cual no pudieron reconocer motivo.

Seguía lloviendo y la colosal bóveda del ecosistema tuvo que cerrarse para evitar inundaciones. Brakmo II envió a los robots de la isla para que la limpiaran y prepararan los campos de cultivo y las laderas de las montañas para ser reforestadas. No se permitió la salida de nadie sino hasta que los sensores instalados en los cuerpos metálicos de los robots confirmaran la ausencia de peligros inesperados y fumigaran vastas áreas para acabar con los escorpiones gigantes y las cucarachas que infestaban los valles.

Una noche, mientras dormía Tysin, vio en sueños el resplandor de mil fuegos artificiales de todos los colores y, cuando abrió los ojos, a la mañana siguiente, solo vio oscuridad. Pensó, por un momento, que el verdadero sol se había extinguido, pero después se dio cuenta de que se había quedado ciega y supo que pronto moriría.

Mandó llamar a Tysin II y le pidió dos favores: que su cuerpo fuera enterrado desnudo en la montaña más alta de la isla y que ella no repitiera su mismo descuido con el nuevo Vatric. La joven Tysin la trató de tranquilizar asegurándole que la historia no se podía repetir, pero la anciana no la dejó terminar:

—¡De sobra sé lo contrario, la vida es una repetición interminable!

Tres días después murió y su cuerpo fue llevado en procesión por todos. El calor era abrasador y una llovizna los acompañó rodeados de un paisaje lunar hasta la cima de una montaña. Allí escarbaron la tierra y depositaron el cadáver junto a una extraña piedra redonda de orificio central que encontraron al lado de los restos polvosos de un esqueleto, adonde veían ruinas calcinadas y diminutos riachuelos reptando entre rocas hacia el mar. La tierra estaba erosionada y los niños chillaron con terror cuando se toparon con dos escorpiones de sesenta centímetros de longitud que los atacaron levantando sus colas ponzoñosas y emitiendo una energía de espanto. Todos corrieron montaña abajo y se refugiaron en el ecosistema cerrando sus puertas y escotillas.

IV

EL RENACER

No volvieron a salir hasta que se aseguraron de que no habría más escorpiones o cucarachas y menos aún unas enormes tarántulas de dos cabezas. Los robots trasplantaron árboles, limpiaron los escombros calcinados de pueblos y ciudades y cubrieron grandes extensiones de las vallas con pastos y cereales, flores y legumbres. A medida que la vegetación se adueñaba del paisaje fueron soltando a los animales y estos terminaron por completo con las plagas de insectos y artrópodos. A los pájaros los alimentaron con trigo y cebada y el resto de los animales sobrevivió gracias a los alimentos artificiales que los robots repartían. Depositaron millones de huevos de tortuga en las playas y en el mar, peces de todos tamaños y colores con abundantes porciones de plancton marino. Palmeras con cocos relucientes comenzaron a dar su sombra fresca y cantarina en todo el litoral y unos monos juguetones saltaban de rama en rama persiguiéndose unos a otros mientras recolectaban su alimento.

La vida reverdeció la isla y en el año 5 abrieron la cúpula y las puertas del ecosistema para no volver a cerrarla nunca más.

Desde la galaxia lejana los esfuerzos humanos por rehacer la vida en la Tierra eran observados con interés y curiosidad y un nuevo respeto hacia la libertad humana nació en los confines del universo.

RECONOCIMIENTOS

Las vidas de "Betzei" y su discípula Josefina, ambas de Costa Rica, me inspiraron para la redacción del capítulo uno.

La carta de Israel Bal Shem Tov a su cuñado, el rabino Gershom de Kitov, fue traducida al inglés por el rabino Yitzchak Ginsburgh y publicada en su libro *The Hebrew Letters*.[2] La versión que aparece aquí es una traducción literal de esta publicación. Del mismo Ginsburgh tomé algunas ideas para el encuentro entre él, el Besht e Isaac Ben Aarón, de la tribu de Asher.

Una conversación con el cabalista David Toledano, sobre su estudio en Jerusalén,[3] me ayudó para escribir el mismo encuentro.

El libro *Wanderings* de Chaim Potok[4] fue un gran impulso para la redacción de la cuarta parte, especialmente en lo que se refiere a la vida del falso mesías Shabbetai Tzvi.

Los libros del rabino Arykeh Kaplan, *The Light Beyond*,[5] me inspiraron para la descripción de la vida de Israel Bal Shem Tov.

La idea de los "potenciadores" la leí en el libro *Cuando falla la gravedad*, escrito por Alec Effinger.[6]

El concepto de 2.º cerebro holonómico se lo debo a Karl H. Pribram.[7] Todas las referencias en relación con "campos neurona-

---

[2] Jerusalén: Gal Einai, 1990.

[3] Véase *La batalla por el templo*, México: INPEC, 1991.

[4] Nueva York: Fawcett, 1990.

[5] Jerusalén: Maznaim, 1981.

[6] México: Roca, 1990.

[7] Véase *Brain and Perception*, Hillsdale, N. J.: Lawrence Erlbaum Associates, 1991.

les", "hipercampo" y "sintergia" se encuentran en el libro *La teoría sintérgica*.[8]

El "desvanecimiento planetario en cadena" lo mismo que la desaparición de Moisés y "el gran viaje" de los elegidos de las tribus de Israel fueron posibilidades que aparecieron en mi mente después de varias conversaciones con Carlos Castaneda y don Panchito.

Agradezco a mi esposa Teresa su apoyo durante la redacción de este libro y su interés y recomendaciones al realizar su lectura crítica. A Leah Attie y Alejandro Tapia por su paciencia y esfuerzo al transcribirlo en computadora.

Después de terminar el manuscrito, me enteré —con sorpresa— de que también Isaac Asimov se imaginó la existencia de cincuenta planetas habitados en la galaxia en un lejano futuro.

---

[8] México: INPEC, 1991.

GLOSARIO

Atractor del futuro. En la física se refiere al algoritmo que describe un sistema complejo y hacia el cual el sistema prospera.

Banda sintérgica. Campo, fuerza o distorsión sutil de la lattice del espacio-tiempo o campo neuronal.

Campo neuronal. Producto de la actividad neuronal de un cerebro vivo. Campos de interacciones creados por la actividad conjugada de todo el cerebro.

Carcaj. Petaquín donde se guardan las flechas y se cuelga del hombro.

Chmielnicki. Apellido de un líder cosaco quien destruyó gran cantidad de comunidades y pueblos judíos en Rusia y Polonia.

Coloxones. Animales característicos del planeta Cuádruplex.

Devir. Cámara del antiguo tabernáculo.

Gematría. Arte y ciencia de la combinación numérica de las letras hebreas. Disciplina cabalística judía.

Hasídico. Movimiento místico y religioso judío, iniciado por Israel Bal Shem Tov en Polonia.

Hasidim. Participantes del movimiento hasídico.

Hekhal. Cámara del antiguo tabernáculo.

Hipercampo. Conformación energética global que incluye a todos los campos neuronales humanos. El componente energético de la conciencia colectiva.

Holonómico. Es una distinción que está relacionada con su movilidad. Simplificando, podemos decir que robots o sistemas holonómicos son aquellos capaces de modificar su dirección instantáneamente.

Lattice. Matriz, enrejado o estructura básica del espacio-tiempo.

Menoráh. Candelabro ritual judío.

Mismidad. Se refiere al yo mismo. La sensación íntima de individualidad.

Plancton. Conjunto de masa biológica viva localizada en los mares y formada por animales microscópicos.

Pogromos. Persecución organizada en contra de comunidades judías.

Prístinos. Claros, diáfanos.

Shabbetai Tvzi. Nombre y apellido de un falso mesías, famoso por su popularidad.

Shekinah. Presencia femenina de Dios, de acuerdo con la mística judía.

Sintergia. Medida de organización de la información (experiencia-conciencia), la cual construye a todo el universo.

Viril. Vidrio que se pone delante de muchas cosas con el objetivo de preservarlas. Es una redoma de vidrio en donde se guardan reliquias u objetos valiosos. El viril se puede tomar como un símbolo católico, generalmente, de cristal y redondo, situado en la parte superior central de la custodia, decorado con metales y piedras preciosas, destinado a guardar la hostia.

AGRADECIMIENTOS

Gracias a mi padre amado, por dejar a la humanidad este regalo tan grande en todos sus textos e investigaciones. Gracias por haber tenido el atrevimiento de ahondarse en lo más profundo y darnos con sus letras una ventana para comprender un poco más nuestra naturaleza.

Gracias por ser uno de los pioneros en la investigación científica de la conciencia.

Gracias, padre, por enseñarme tantas cosas, acompañarme y cuidarme siempre con tanto amor.

Gracias a mi madre por siempre estar presente y siempre recordar a mi padre con respeto y cariño.

Gracias a mis hijas Ixchel y Leilani, por traer dentro esa herencia llena de sabiduría. Gracias por cuidar con tanto amor el legado de su abuelo.

Gracias a Nicolás por ayudar tanto en la recuperación de la obra de mi padre.

Gracias a la música por ser un canal tan sutil de comunicación con mi padre.

Gracias a todos los amigos entrañables de Jacobo.

Gracias a la familia.

Gracias a todos los científicos que han seguido la investigación en sus laboratorios.

Gracias a la UNAM por apoyar siempre el trabajo de mi padre.

Gracias a Penguin Random House por difundir el trabajo de Jacobo Grinberg en esta nueva edición de sus libros.

Gracias a la humanidad por estar llena de luz a pesar de todo lo que hemos y estamos pasando… Somos seres hermosos, parte de este universo que lo es todo… Somos polvo de estrellas.

Gracias, padre, donde sea que te encuentres. Te amo en lo más profundo de mi ser.

ESTUSHA GRINBERG

Esta obra se terminó de imprimir
en mes de febrero de 2026,
en los talleres de Corporativo Prográfico, S.A. de
C.V. Ciudad de México